ÖSTERREICHISCHE AKADEMIE DER WISSENSCHAFTEN
MATHEMATISCH-NATURWISSENSCHAFTLICHE KLASSE,
DENKSCHRIFTEN, 110. BAND, 5. ABHANDLUNG

Die Molluskenfauna aus dem Burdigal (Unter-Miozän) von Fels am Wagram in Niederösterreich

VON

FRITZ STEININGER

Paläontologisches Institut der Universität Wien

(MIT 13 TAFELN, 2 TABELLEN UND 3 TEXTABBILDUNGEN)

WIEN 1963

IN KOMMISSION BEI SPRINGER-VERLAG WIEN
DRUCK: CHRISTOPH REISSER'S SÖHNE, WIEN V

ISBN-13: 978-3-211-86292-6   e-ISBN-13: 978-3-7091-5510-3
DOI: 10.1007/978-3-7091-5510-3

Inhaltsverzeichnis

	Seite
Summary	5
Vorwort	6
Einleitung und Problemstellung	7
Der Fundort und die örtliche Verbreitung der fossilführenden Schichten	7
Faziesfolge und Erhaltungszustand	10
Ökologische Bemerkungen	11
Systematischer Teil	12
Lamellibranchiata	12
Scaphopoda	36
Gastropoda	37
Begleitfauna:	59
Foraminifera (K. GOHRBANDT)	59
Anthozoa (O. KUEHN)	60
Bryozoa (E. FLUEGEL)	61
Brachiopoda	61
Vermes	62
Decapoda (F. BACHMAYER)	62
Ostracoda (K. KOLLMANN)	62
Cirripedia	64
Echinodermata	64
Vertebrata: Pisces (E. WEINFURTER)	65
Faunistisch-stratigraphischer Vergleich mit den neogenen Faunengebieten Europas	65
1. Die Vorkommen auf der Böhmischen Masse (Eggenburger und Horner Becken)	65
2. Niederbayern und Oberbayern	67
3. Die östlichen Mediterrangebiete: Slowakei, Ungarn und Siebenbürgen	68
4. Südliche Faunengebiete: Piemontesisch-Ligurisches Becken	70
5. Südwesteuropäische Faunengebiete: Rhônebecken und Becken von Bordeaux (Bordlais, Bazadais und Agenais)	71
6. Das Nordseebecken	72
Stratigraphische Ergebnisse und Einstufung	73
Zusammenfassung	79
Literaturverzeichnis	80
Tafeln	88

Summary

The present paper describes a molluscan occurrence, rich in macrofossils, of the Burdigalian north of Fels am Wagram in Lower Austria. In the course of several years, various gentlemen and the author had collected i.a. a rich microfauna which had not yet been known to exist in the Austrian Burdigalian and which made the beds—of little local extent—appear to be particularly interesting.

There were established 166 species and subspecies (thereof described Lamellibranchiata: 48, Scaphopoda: 1, Gastropoda: 47), the most important of which were dipicted. A supplement to the systematic part shows the accompanying fauna so as to furnish as complete as possible a faunal picture.

As regards the Austrian Miocene there were found some new genera:
Cyrtodaria DAUDIN 1799, *Angulus* Mergerle von MUEHLFELD 1811, *Burtinella* MOERCH 1861, *Drepanocheilus* MEEK and many new species marked with a cross (+) in the comparative list of faunas.

Moreover, the following species and subspecies were newly described:
Astarte (Tridonta) levigrandis nov. spec.
Cardium (Cardium) ritter-gulderi nov. spec.
Cardium (Cerastoderma) edule felsense nov. subspec.
Cardium (Rudicardium) grande tereticostales nov. subspec.
Dentalium (Antale) kickxi transiens nov. subspec.

A comparison between the fauna of Fels am Wagram and the Neogen faunal associations of Europe established particularly close relations to the Burdigalian occurrences in Upper Bavaria (Kaltenbachgraben) and faunas of the Waag valley (Czechoslovakia). Moreover, there is a specially close relationship with the occurrences of the Aquitanian and Burdigalian in SW France, with the most intimate connection being formed by the micromolluscan fauna.

This led to a stratigraphical assignment to the basal Burdigalian (= „Eggenburger Serie" according to KAPOUNEK, PAPP & TURNOVSKY [1960]) most closely related to the Loibersdorf beds of the Eggenburg sequence of strata.

In an ecologic respect, the deposits at Fels/Wagram represent a fully marine biotope (salinity: $33^0/_{00}$—$35^0/_{00}$, temperature: Tropic to subtropic, aeration: good) of the sublitoral to shallow-neritic zone, with no influence whatever of brackish water being noticeable.

Vorwort

Das in der vorliegenden Arbeit abgehandelte Thema wurde vom Verfasser 1961 in anderem Umfang und Aufbau als seine Dissertationsarbeit am Paläontologischen Institut der Universität Wien eingereicht und approbiert.

Herr Reg.-Rat Ing. O. RITTER war es, der mich bei einer Durchsicht seiner reichen Fossiliensammlung auf das außerordentlich interessante und bis dahin unbearbeitet gebliebene Material aufmerksam machte, wofür ich ihm hier aufs herzlichste danken möchte.

Das bei der Bearbeitung vorliegende Fossilmaterial selbst stammt aus mehreren Aufsammlungen, die durch verschiedene Herren während der Jahre 1952 bis 1960 durchgeführt wurden. Die Wiederentdecker der so reichen Fundstelle, Herr Ing. O. RITTER und Herr Oberprokurist A. GULDER, konnten 1952 besonders schöne Großformen bergen. Im Herbst 1954 wurde durch die Herren Prof. A. PAPP und E. THENIUS sehr viel Kleinmaterial ausgeschlämmt. Der öftere Besuch der Fundstelle gemeinsam mit Herrn Dr. H. SCHAFFER in den Jahren 1958 bis 1959 konnte das Faunenbild noch wesentlich erweitern. Die letzte Aufsammlung im Sommer 1960 wurde horizontweise durchgeführt und galt vor allem den Lagerungsverhältnissen. Daher entstammt das bearbeitete Material den Sammlungen des Paläontologischen Institutes der Universität Wien und den Privatsammlungen von Herrn Ing. RITTER, Herrn Dr. H. SCHAFFER und der des Verfassers, alle Wien.

Es ist dem Verfasser eine angenehme Pflicht, verschiedenen Herren und Stellen, die ihn bei der Bearbeitung des Materials wesentlich unterstützten, zu danken; besonders Herrn Prof. Dr. O. KÜHN und Herrn Prof. Dr. E. THENIUS, den Vorständen des Paläontologischen Institutes der Universität Wien, sowie der Österreichischen Akademie der Wissenschaften für die Drucklegung und die großzügige Förderung, Herrn Professor Dr. A. PAPP, Herrn Dr. O. HOELZL, die mir mit ihrer reichen Erfahrung viele wertvolle Hinweise geben konnten; den Herren Prof. Dr. H. ZAPFE, Kustos Dr. F. BACHMAYER, beide Naturhistorisches Museum Wien, Herrn Dir. Dr. H. NATHAN, bayerisches geologisches Landesamt München, Kustos Dir. F. SCHAEFFER, Krahuletz-Museum, Eggenburg, Niederösterreich, Kustos Dr. F. BERG, Hoebarth-Museum, Horn, Niederösterreich, und Kustos Dr. W. FREH, Oberösterreichisches Landesmuseum Linz, für die Überlassung von Vergleichsmaterial aus Eggenburg, Niederösterreich, den Vorkommen in der Molassezone und in Bayern. Herrn Dr. K. KOLLMANN (Rohöl AG., Wien) für die Bestimmung der Ostracoden, Herrn Dr. K. GOHRBANDT (Mobil Oil of Canada Ltd., Tripolis) für die Bestimmung der Foraminiferen, Herrn Diplkfm. E. WEINFURTER (Wien) für die Bestimmung der Otolithen und Herrn Doz. Dr. E. FLÜGEL (Geol. Institut der Techn. Hochschule Darmstadt) für die Bestimmung der Bryozoen.

Einleitung und Problemstellung

Makrofossilführende Burdigalvorkommen sind vom Rand der böhmischen Masse seit langem bekannt. Die fossilreichen Ablagerungen der Umgebung von Eggenburg und der Bucht von Horn zählen zu den klassisch gewordenen Lokalitäten, deren Fauna durch F. X. SCHAFFER (1910, 1912, 1926) monographisch bearbeitet wurde und dessen nähere und weitere Umgebung geologisch so gut erforscht schien, daß größere Fossilvorkommen in Tagesaufschlüssen nicht zu erwarten waren.

Überraschend war es daher, als durch die beiden Wiener Privatsammler Regierungsrat Ing. O. RITTER und Oberprokurist A. GULDER 1952 ein — wie sich zeigte — außerordentlich reiches Fossilvorkommen im Dornergraben bei Fels am Wagram (E Krems an der Donau) entdeckt wurde. Es wird übrigens schon von CZJZEK (1849) auf seiner „Geologischen Karte der Umgebung von Krems und vom Manhardsberg" verzeichnet und von VETTERS (1927) in seinem Kartierungsbericht p. 57 erwähnt: „Mariner Tertiarsand mit *Pecten Hornensis, Trochus Amedei, Pectunculus, Arca, Turritella* wurde in einem Hohlweg an der Südlehne des Schafterberges bei Fels aufgefunden ...", war jedoch längst in Vergessenheit geraten. Auch SCHAFFER (1951) beschreibt in der „Geologie von Österreich" das Auftreten von kleinen Resten fossilführender Burdigalschichten bei Fels am Wagram. Von GRILL, dem kartierenden Geologen dieses Gebietes, wird das Vorkommen von Fels am Wagram in seinem Aufnahmsbericht (1958) auf Blatt Krems an der Donau (38) p. A 32 beschrieben.

Besonders bemerkenswert ist das Vorkommen durch seine Kleinfauna, die bisher aus dem Bereich der österreichischen Burdigalvorkommen völlig fehlte und auch aus den östlichen Burdigalbereichen in der ČSR und Ungarn nur lückenhaft beschrieben wird. Ebenso ist in den fossilreichen Fundstellen Oberbayerns, die HOELZL (1958) monographisch bearbeitete, diese artenreiche Kleinfauna nicht nachgewiesen. Diese Ablagerungen sind daher die einzigen, die bisher aus der Molasse bekannt geworden sind.

Vergleichsmaterial stand mir in den Sammlungen des Naturhistorischen Museums Wien, aus den Vorkommen der Aquitaine und dem Eggenburger Burdigalien zur Verfügung. Ferner konnte ich die reichhaltigen Bestände des Krahuletz-Museums in Eggenburg benutzen. Anläßlich einer Studienreise nach München hatte ich die Möglichkeit, Mollusken aus Fels am Wagram mit den Holotypen und dem Fossilmaterial von O. HOELZL aus dem Burdigalien des Kaltenbachgrabens zu vergleichen und zu bestimmen. Im Sommer 1961 wurde es mir durch eine Subvention der Österreichischen Akademie der Wissenschaften ermöglicht, die Burdigalvorkommen in der Umgebung von Bordeaux zu studieren und Vergleichsaufsammlungen durchzuführen.

Die Bestimmung der Mollusken bot besonders bei der Bearbeitung der Kleinformen große Schwierigkeiten, da diese weder aus dem österreichischen Burdigalien bekannt sind, noch aus gleichaltrigen Ablagerungen der Nachbargebiete.

Der Fundort und die örtliche Verbreitung der fossilführenden Schichten

Der Fundpunkt liegt NW des Ortes Fels am Wagram in Niederösterreich in einem Graben, der vom Schafterberg gegen die Ortschaft Fels hinunterzieht. Nach der Riedbezeichnung: „Dorner" (siehe auch topographische Karte 1:75.000, Blatt: Krems 4655) wird der Graben als Dornergraben bezeichnet. Die fossilführenden Schichten wurden hier durch die zeitweise Erosion (Schmelz- und Regenwasser) unter der Lößdecke bis zu dem unterlagernden Kristallin freigelegt. Sie finden sich im oberen Teil des Grabens auf einer orographischen Höhe von 260 m, an dem Punkt, wo die nach Fels am Wagram führende 10.000-kW-Starkstromleitung der NEWAG den Graben kreuzt (siehe auch Textabb. 1).

Die Erstreckung der Schichten endet sehr bald, da etwa 70 m westlich vom Fundpunkt, beim Aussetzen eines neuen Weingartens, in 30 cm Tiefe, unmittelbar unter der Humusschichte das Kristallin angetroffen wurde; und an der Straße nach Gösing (im Felbergraben), die noch etwas tiefer eingeschnitten ist, ein Steinbruch im Kristallin liegt. Nach Osten zu werden die Sande vom Löß verdeckt, kommen aber im nächsten östlichen Graben, einer Kellergasse, nicht zum Vorschein. Sie werden dort auch nicht, in den auf gleicher Höhe mit der Fundstelle gelegenen Kellern, angefahren. Den Graben aufwärts wird die Lößdecke bald wieder mächtig, so daß schon etwa 30 m nach der Fundstelle ein Keller an der westlichen Grabenseite im reinen Löß liegt. Talwärts zu streichen die fossilführenden Schichten nach 50 m von der Fundstelle in einer Böschung aus. Das Grundgebirge sinkt steil ab und wird von einer 20 m hohen Lößwand bedeckt, in der zwei verfallene Keller angelegt sind, in welchen das Tertiär nicht mehr angetroffen wird, sondern der Löß unmittelbar dem Grundgebirge aufliegt. Diese Verhältnisse konnten in dem zweiten talwärts gelegenen Keller besonders gut beobachtet werden, dessen Boden von tiefgründig verwittertem Kristallin

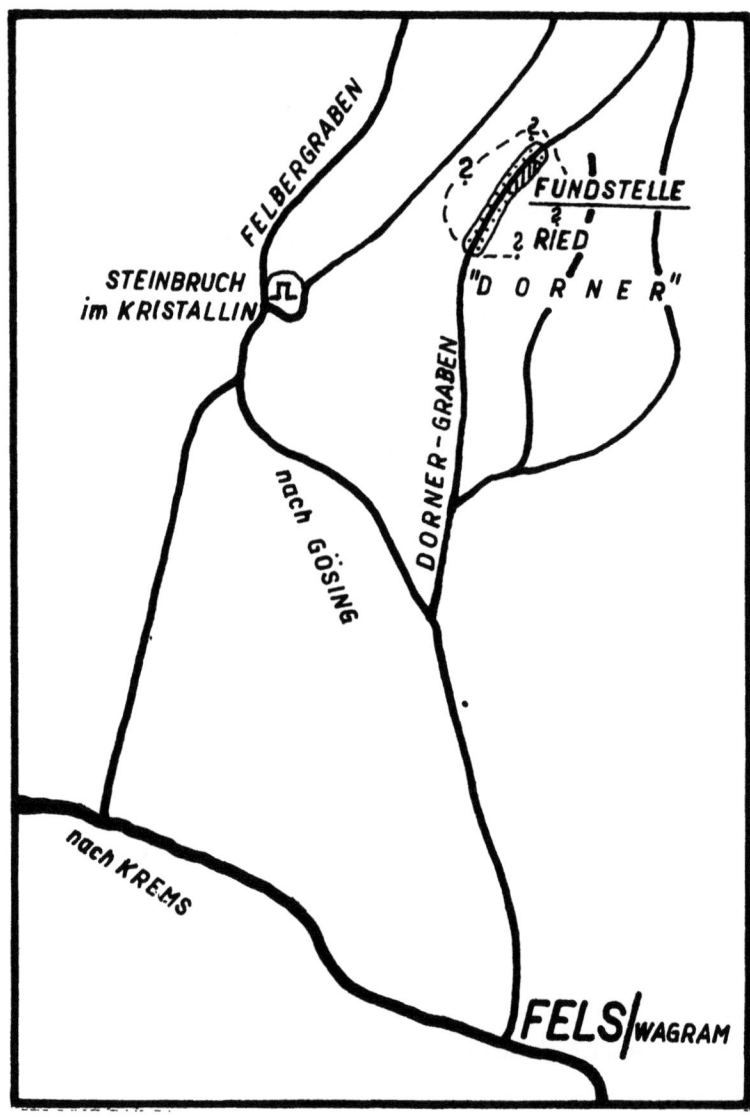

Textabb.: 1

gebildet wird, das zum Teil von einer hellen Kalkkruste überzogen ist. Darüber folgen schön gerundete bis flache, in der Korngröße stark wechselnde bis über kindskopfgroße Gerölle (hauptsächlich Quarz-, Granulit-, granatführende Paragneis- und mittelkörnige Granitgneisgerölle), auf welche hier unmittelbar der mächtige Löß folgt.

Bei dem Vorkommen von Fels am Wagram handelt es sich wahrscheinlich um den in einer Kristallinmulde erhalten gebliebenen linsenartigen Erosionsrest der burdigalen Transgression, wie sie in diesem Gebiete noch an mehreren Orten (z. B.: Straße nach Gösing, Wiedendorf, Obernholz, Diendorf, Bösendürnbach und Mollands) beobachtbar sind, doch lange nicht diesen Fossilreichtum zeigen.

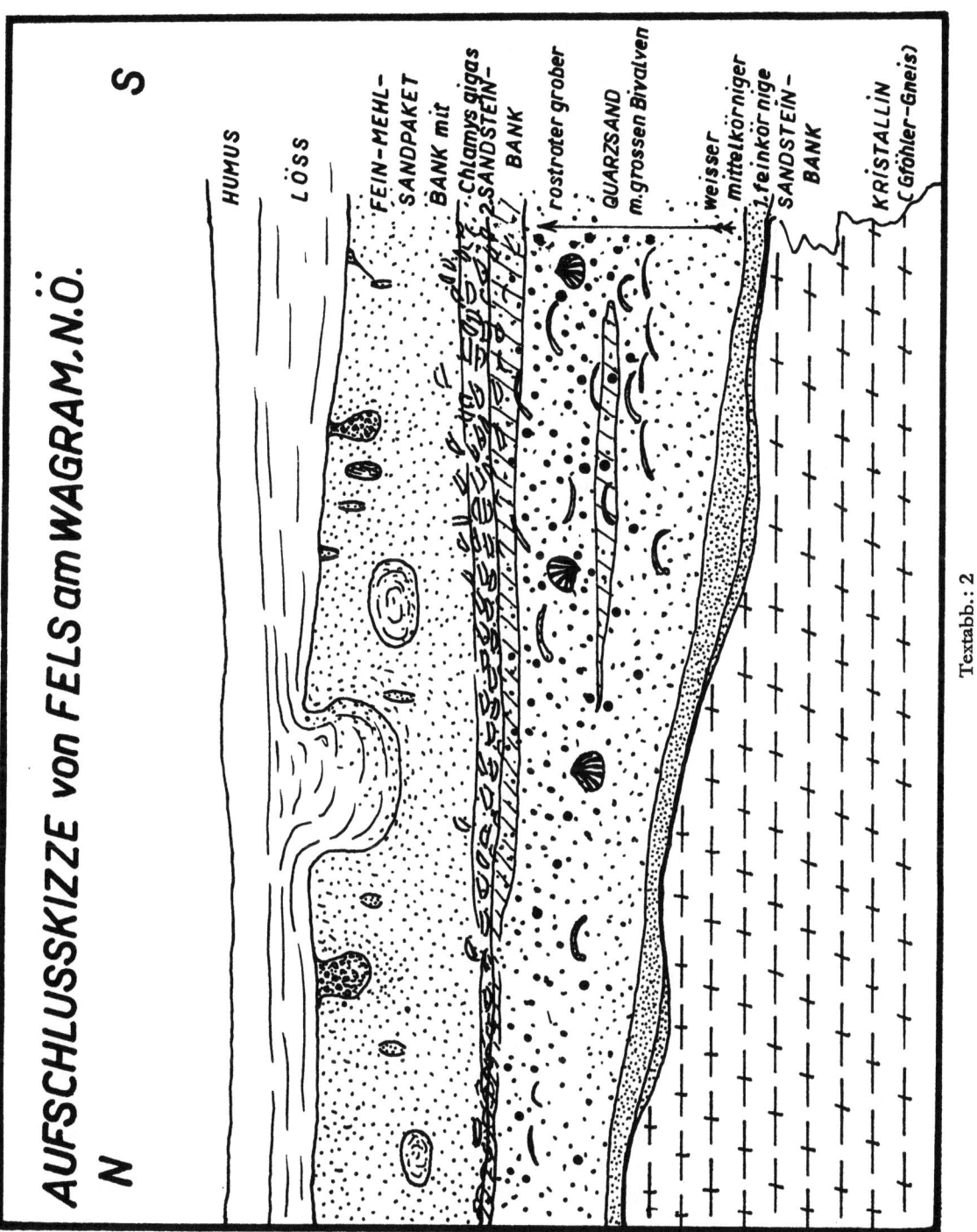

Textabb.: 2

Faziesfolge und Erhaltungszustand

Das unterlagernde, tiefgründig verwitterte Kristallin wird aus einem migmatitischen Biotitamphibolitschiefer gebildet, mit Lagen und Schlieren eines kaolinisierten, feinkörnigen, hellen Gneises. Diskordant schlagen Pegmatitgänge durch, die grobblätterige Biotitnester bringen. An diese scheint auch die starke Mangan- und Eisenvererzung gebunden, die als dicke Schwarte an der Kristallinoberfläche liegt.

An der Ostseite der Straße nach Gösing liegt ein Steinbruch im Kristallin, der an seiner Westwand in hellen Gneisen dunkle, körnige, hornblendereiche Partien zeigt und damit dem an der Fundstelle unterlagernden Kristallin entsprechen dürfte. Im mittleren Teil des Steinbruches stehen straffgeschieferte, blaue Dioritgneise an. WALDMANN (1958) verzeichnet auf seiner geologischen Karte, die dem „Führer zu geologischen Exkursionen im Waldviertel" beigegeben ist: Gföhler-Gneise.

Über dem Kristallin folgt eine 20—30 cm starke Sandsteinbank aus einem mittelgrauen, feinkörnigen Sandstein, der vereinzelt Abdrücke von Bivalven und Gastropoden enthält. Dieser schmiegt sich eng an das Kristallin an und nur an einigen Stellen liegt eine feinkörnige bis etwas gröbere, rostrote, fossilleere, schmale Sandlage dazwischen.

Auf dieser Sandsteinbank liegt ein mittelkörniger, heller Quarzsand, der gegen Süden zu mächtiger wird und hier in größerer Anzahl die großen Cardien, Cyprinen und Aphorrhaiden geliefert hat. An der alten Grabungsstelle von RITTER & GULDER (siehe Profilskizze) konnte er schon in einer Mächtigkeit von 70—120 cm beobachtet werden, während er an der neuen Fundstelle, die nördlich davon liegt, nur 20—30 cm mächtig war. Gegen das Hangende zu nehmen die weißen Quarzsande eine rötliche Färbung an, werden gröber und immer rostroter und zeigen Konkretionen, die sich dann allmählich zu einer zweiten etwa 10—15 cm starken, rostroten, grobkörnigen Sandsteinbank verhärten. Auch dieser Komplex erreicht südlich der neuen Fundstelle seine größte Mächtigkeit.

Schon in den Konkretionen und der Sandsteinbank waren doppelklappige Exemplare von *Chlamys gigas plana* nicht selten. Auf diese Sandsteinbank folgt nun eine Bank aus dieser Pectenart, die fast ausschließlich aus doppelklappigen Exemplaren besteht.

Darüber folgt ein aus feinem, mehligem, lichtgrauem Fein- bis Mehlsand bestehender Komplex, der gegen Norden an Mächtigkeit zunimmt und an unserem Fundpunkt bereits über 1 m mächtig ist. In ihm finden sich die grabenden Bivalvengattungen, sehr oft in Lebensstellung, und an seiner Hangendgrenze mittelgroße, meist sack- bis birnförmige Taschen, die mit den Schalen und Gehäusen von Keinformen erfüllt sind. In diesem Feinsandkomplex finden sich auch vereinzelt brotlaibförmige Konkretionen.

Überlagernd liegt eine geringmächtige Lößdecke auf den marinen Ablagerungen, und aus dieser entwickelt sich eine schwache Humuszone. Der Löß selbst ist mit mächtigen bis 50 cm im Durchmesser messenden Kryoturbationen in den Feinsandkomplex eingewürgt, und der Feinsand ist teilweise mit Schalensplittern schlierenartig in die Kryoturbationen eingewickelt (siehe auch Textabb. 2).

In den sandigen Ablagerungen findet man nur Schalenexemplare sowohl von Kalzit- als auch von Aragonitschalern. Nur in der über dem Kristallin folgenden Sandsteinbank konnten auch Abdrücke und Steinkerne beobachtet werden.

Die Großformen, wie Cardien, Cyprinen, Glycymeriden, Pitarien und Aphorrhaiden, die sich hauptsächlich in den groben Sanden finden, waren teilweise zerfroren oder durch Wurzelwerk zersprengt und zeigten oft eine angelöste Oberfläche, in die Sandkörner eingedrückt waren (Drucklösungen). Auch die in den sackförmigen Sedimenttaschen angehäuften Kleinformen waren oft schwer bestimmbar, da die typischen Skulpturelemente durch die angelöste Schalenoberfläche verwischt waren. Bei den Gastropoden wurden durch solche Lösungserscheinungen öfters die dünnen Kalkbrücken, wie sie z. B. die Nabelschwiele mit dem Gehäuse verbindet, zerstört, und solche Formen erscheinen dann bei nicht sehr sorgfältiger Präparation als ungenabelt (z. B. häufig bei *Diloma amedei*). Die dünnschaligen Formen, wie Isocardien, Cardien, Angulus, Panopea und andere mußten immer gleich an Ort und Stelle präpariert werden.

In dem Feinsandkomplex und in einer unter der Pectenbank angereicherten Zone mit Schalen, zeigen viele Exemplare Deformationserscheinungen, die bei der horizontweisen Aufsammlung im Sommer 1960 eindeutig durch Sedimentdruck und in den oberen Partien vielleicht durch Sedimentsackung und -setzung entstanden sein können. In der Zone über der Pectenbank wurde dies an den dort häufigen Gehäusen von *Diloma amedei* und Naticiden beobachtet. Bei auf der Basis liegenden Gehäusen war die Spira völlig eingedrückt, bei seitlich liegenden zeigte die Basisfläche die Form einer flachen Ellipse. So fanden sich viele Gehäuse, bei welchen nach der Art der Einbettungslage und Deformationsform, auf einen senkrecht von oben kommenden Druck geschlossen werden muß. In dem Feinsandkomplex fanden wir Lucinen und Panopeen in Lebensstellung, bei denen die Schalen oft mehrere Millimeter ineinandergeschoben waren, was wahrscheinlich durch Sackungen im Sediment beim Wasserverlust hervorgerufen wurde. Ferner waren rund um die in diesem Bereich auftretenden Kryoturbationen die meisten Schalen unregelmäßig zertrümmert und verquetscht.

Ökologische Bemerkungen

Die beiden übereinanderliegenden Sandkomplexe in Fels am Wagram und ihre Fauna charakterisieren zwei marine Biotope. Beide entwickelten sich in einem rein marinen Milieu mit normaler Salinität (zwischen 33°/₀₀—35°/₀₀), einer tropischen bis subtropischen Wassertemperatur und guter Aeration, die wahrscheinlich durch die Wasserbewegung gesichert war. Das völlige Fehlen von brackischen Faunenelementen, wie Tympanotonus, Pirenella, Hydrobien, Polymesoda u. a., in der Molluskenfauna und der in dieser Beziehung noch charakteristischeren Ostracodenfauna (siehe Begleitfauna: Kapitel: Ostracoden von K. KOLLMANN) stützen diese Annahmen wesentlich.

Die grobsandigen Schichten des unteren Teiles der Ablagerungen von Fels am Wagram zeigen in ihrer Molluskenfauna die Elemente des Eu- und Sublitorals und der in diesem Tiefenbereich (5—15 m) kennzeichnenden Arten der Laminarienzone. Die Formen des Eulitorals (*Patella, Saxicava, Balanus*) liegen meist lose im Schillhorizont des Sublitorals, ebenso die Arten aus der Laminarienzone (*Lima, Emarginula, Gibbula* und *Rissoa*). In diesem Schillhorizont finden sich viele Schalen von Pitarien, Isocardien, große Cardien, abgeschliffene Cyprinen und Veneriden „gewölbt oben" liegend. (Bei 37 Stück dieser Arten wurden 31 „gewölbt oben" angetroffen.) Dieser Schillhorizont scheint einen sekundären Hartboden gebildet zu haben, denn öfters wurden „an"- oder aufgewachsen auf solchen „gewölbt oben" liegenden Schalen Balanenkolonien, Austern, Anomien und die Mehrzahl von Arca, Arcopsis und Septifer angehäuft freigelegt. (Wobei unter den Balanen nur *Balanus amphitrite* DARWIN festgestellt wurde.) Häufig finden sich noch die Formen des sandigen Sublitoral (*Venus, Spisula, Nucula, Pholas, Chama, Calliostoma* und *Turritella*). Freischwimmend über diesem Bereich dürfte die individuenreiche Population von *Chlamys gigas plana* gelebt haben, da sich die meisten Exemplare doppelklappig, mit der gewölbten Klappe dem Substrat aufliegend gefunden haben.

Es scheint hierauf durch eine Vertiefung des Meeres das Biotop in eine tiefe sublitorale bis neritische Zone gewandelt worden zu sein, die nur ab und zu den Charakter der obersten Lagen der Laminarien-Zone dadurch besaß, daß bis dahin das Phytal reichte, wie aus den in den taschenförmigen Vertiefungen angehäuften Formen dieses Bereiches geschlossen wird. Diese Zone wird durch das Fein- bis Mehlsandpaket, das über dem Grobsandbereich folgt, gekennzeichnet. Hier konnten alle für solch ein Biotop kennzeichnenden Arten (Cardien, Angulus, Lucinen, Panopea, Naticiden, Aporrhaiden u. a.) fast immer in Lebensstellung angetroffen werden. In den sackförmigen Vertiefungen, die an der Oberfläche dieses Schichtpaketes auftreten, finden sich hauptsächlich die am Phytal liegenden Gastropoden und das knapp unter der Feinsandoberfläche lebende *Cardium edule felsense* sowie *Ditrupa moldica* angehäuft. Hier wurden, wenn auch sehr selten, aufrecht im Sediment steckende Schalen von *Pinna pectinata brocchii* herauspräpariert.

Auf Grund dieser beiden ausgeprägten, übereinanderfolgenden Biotope muß angenommen werden, daß die Fauna in den Grobsanden in einem küstennahen Strandbereich (felsig) lebte, dieses dann vielleicht durch die fortschreitende Transgression etwas vertieft wurde, wobei in nächster Nähe keinerlei Brachwassereinfluß vorhanden war. Diese Annahmen werden, wie schon oben erwähnt, sowohl durch die Ostracoden- wie auch durch die Foraminiferenfauna und die wenigen Fisch-Otolithen gestützt.

LAMELLIBRANCHIATA
Nucula laevigata SOWERBY 1818
Taf. I, Fig. 4

1818 *Nucula laevigata* — SOWERBY, 2, p. 207, Taf. 192, Fig. 1—2.
1843 *Nucula laevigata* — NYST, p. 228, Taf. 17, Fig. 8.
1851 *Nucula laevigata* — WOOD, 2, p. 81, Taf. 10, Fig. 8.
1881 *Nucula laevigata* — NYST, p. 167, Taf. 18, Fig. 1.
1902 *Nucula laevigata* — DOLLFUS & DAUTZENBERG, p. 370, Taf. 33, Fig. 27—34.
1925 *Nucula laevigata* — KAUTZKY, p. 21, Taf. 2, Fig. 8, 9.
1945 *Nucula laevigata* — GLIBERT, p. 9, Taf. 1, Fig. 1.
1958 *Nucula laevigata* — HÖLZL, p. 38, Taf. 1, Fig. 4.
1959 *Nucula laevigata* — ANDERSON, p. 70, Taf. 13, Fig. 2 a—c.
1960 *Nucula laevigata* — SENEŠ, p. 107.
1962 *Nucula laevigata* — HOELZL, p. 40, Taf. 1, Fig. 4.

Von mittlerer Größe, die Schale schön gewölbt, der geblähte Wirbel liegt ganz an der Vorderseite, die Hinterseite lang ausgezogen. Der Vorderrand kurz, gerade, er schließt mit dem gleichmäßig durchgeschwungenen Ventralrand einen stumpfen Winkel ein. Oval gerundet schließt der Dorsalrand an, und an ihn der wenig gekrümmte Arealrand. Lunula deutlich wenig tief, herzförmig. Area langgezogen breit, seicht. Oberfläche mit feinen konzentrischen Streifen bedeckt. Schloßrand abgeknickt, vorne kurz, hinten wesentlich länger, die löffelförmige Platte für den Ligamentknorpel liegt hinter dem Wirbel unter den ersten Zähnchen des hinteren Zahnleistenabschnittes. Ventralinnenrand ohne Zähnelung.

Bemerkungen: Diese Form, als deren unmittelbaren phyllogenetischen Vorläufer KAUTSKY (1925) die oligozäne *Nucula peregrina* DESHAYES ansieht, tritt erst mit dem Miozän auf. Mit Ausnahme von Oberbayern, wo HÖLZL (1958) sie aus dem tiefen Burdigalien des Kaltenbachgrabens beschreibt, und dem Nordseebecken, wo sie bereits mit dem Mitteloligozän (ANDERSON 1959) auftritt, kennt man diese Art in den übrigen Faunengebieten erst ab dem Helvetien. Im Bereiche des Wiener Beckens fehlte sie bisher überhaupt.

Maße: Länge: 21 mm, Höhe: 17 mm, Dicke: 5 mm.

Leda (Ledina) gümbeli HÖLZL 1958
Taf. XIII, Fig. 7

1958 *Leda (Ledina) gümbeli* — HÖLZL, p. 42, Taf. 1, Fig. 6.

Klein, mittelmäßig gewölbt, mit einem stumpfen ein wenig aufgeblähten Wirbel nahezu im Mittel der Schale. Vorderrand stumpf eiförmig gerundet, Ventralrand durchgeschwungen, Rückseite etwas verlängert mit kurzem, spitzem Schnabel. Vom Wirbel verläuft gegen diesen spitzwinkeligen Schnabel ein deutlicher Kiel. Oberfläche mit breiten konzentrischen Flachrippen verziert, die gleichbreit, von sehr schmalen Furchen voneinander getrennt, über die ganze Schale verlaufen. Unter dem Wirbel liegt eine dreieckige Vertiefung zur Aufnahme des Ligamentknorpels, beiderseits davon eine mit hakenförmigen Zähnchen besetzte Zahnleiste. Ventralrand völlig glatt.

Bemerkungen: Die von HÖLZL (1958) aus dem Kaltenbachgraben (Oberbayern) beschriebene *L. (Ledina) gümbeli* unterscheidet sich von *L. (Ledina) mayeri* GUEMBEL durch ihre Skulptur und den vom Wirbel gegen den Hinterrand verlaufenden Kiel sehr deutlich. HÖLZL erwähnt sie auch noch aus dem Helvetien, wo sie aber schon seltener auftritt.

Maße: Länge: 9 mm, Breite: 5 mm, Dicke: 2 mm.

Arca (Arca) grundensis MAYER 1868
Taf. IX, Fig. 4

1868 *Arca grundensis* — MAYER, 3, p. 66.
1870 *Arca umbonata* — HOERNES, M., 2, p. 322, Taf. 42, Fig. 1, 3.
1912 *Arca grundensis* — COSSMANN & PEYROT, 66, p. 264, Taf. 7, Fig. 21—23.
1955 *Arca (Arca) grundensis* — SIEBER, p. 171.

Die deutlich verlängerte Schale ist stark gewölbt, der Wirbel hochgezogen, schwach eingerollt und an die abgerundete Vorderseite verlagert. Der Schloßrand gerade, der Hinterrand schief abgestutzt, mit dem gleichmäßig durchgeschwungenen Ventralrand zu einem spitzen Schnabel ausgezogen. Vom Wirbel zieht zum ventralen Ende des Hinterrandes ein scharfer Kiel. Die Oberfläche ist mit Radialrippen bedeckt, die am vorderen Ende stark ausgeprägt sind, gegen die Mitte schwächer werden und sich jenseits des Kieles in feine, fadenförmige, enggedrängte Linien verwandeln. Sie alle werden von feinen Zuwachsstreifen übersetzt. Die sehr große dreiseitige Area ist schwach gewölbt und rhomboidal gefurcht. Der Schloßrand ist mit vielen kleinen, geraden Zähnchen besetzt.

Bemerkungen: Durch ihren Umriß und die feine Skulptur des Feldes zwischen Kiel und Area ist diese Form deutlich von *Arca noae* und *Arca biangula* getrennt zu halten. Die Exemplare, welche HOERNES (1870) aus dem Eggenburger Bereich erwähnt, gehören nach SCHAFFER (1910) zu *Arca biangula*. Aus dem Burdigalien von Westfrankreich und dem Unter-Torton von Grund bekannt.

Maße: Länge: 37 mm, Höhe: 15 mm, Dicke: 9 mm.

Arcopsis lactea (LINNÉ 1758)

1758 *Arca lactea* — LINNÉ, 10, p. 694.
1870 *Arca lactea* — HOERNES, M., 2, p. 336, Taf. 44, Fig. 6 a—d.
1891 *Arca lactea* — BUCQUOY, DAUTZENBERG & DOLLFUS, 2, p. 185, Taf. 37, Fig. 1—6.
1898 *Fossularca lactea* — SACCO, 26, p. 19, Taf. 3, Fig. 20—23.
1907 *Arca lactea* — CERULLI — IRELLI, 1, p. 113, Taf. 8, Fig. 6—10.
1912 *Fossularca (Galactella) miocaenica* — COSSMANN & PEYROT, 66, p. 315, Taf. 10, Fig. 37—40.
1913 *Arca (Fossularca) lactea* — DOLLFUS & DAUTZENBERG, 5, p. 344, Taf. 29, Fig. 33—46.
1945 *Arca (Arcopsis) lactea* — GLIBERT, p. 41, Taf. 1, Fig. 10.
1955 *Arcopsis lactea* — SIEBER, p. 171.

Bemerkungen: Diese sehr variable und häufige Art war bisher aus dem Burdigalien von Eggenburg und Umgebung noch nicht bekannt. COSSMANN & PEYROT (1912) stellten für die burdigale Form eine durch Skulptur und Umriß unterschiedene Art: *Fossularca (Galactella) miocaenica* auf, was aber bei der großen Variabilität dieser Form ungerechtfertigt erscheint (vgl. auch GLIBERT, 1945, p. 42). Sie tritt in fast allen Faunenprovinzen auf, scheint aber im Miozän des Nordseebeckens zu fehlen. [KAUTSKY (1925), ANDERSON (1959), DITTMER (1959)].

Maße: Länge: 15 mm, Höhe: 9 mm, Dicke: 4 mm.

Glycymeris (Glycymeris) pilosa deshayesi (MAYER 1868)
Taf. I, Fig. 1 a, 1 b

1868 *Pectunculus Deshayesi* — MAYER, p. 114.
1870 *Pectunculus pilosus* — HOERNES, M., 2, p. 316, Taf. 39, Fig. 1—2.
1898 *Axinea bimaculata* — SACCO, 26, p. 28, Taf. 6, Fig. 7—14.
1912 *Pectunculus (Axinea) bimaculatus* — COSSMANN & PEYROT, 66, p. 134, Taf. 5, Fig. 92, Taf. 6, Fig. 3—4.
1913 *Pectunculus deshayesi* — DOLLFUS & DAUTZENBERG, p. 354, Taf. 31, Fig. 1—7.
1925 *Pectunculus (Axinea) bimaculatus* — KAUTSKY, p. 18, Taf. 26, Fig. 2.
1936 *Pectunculus bimaculatus* — FRIEDBERG, 2, p. 184, Taf. 26, Fig. 2.
1936 *Pectunculus glycymeris var. pilosa* — FRIEDBERG, 2, p. 180, Taf. 25, Fig. 1—7, Taf. 26, Fig. 1.
1945 *Glycymeris (Glycymeris) pilosa deshayesi* — GLIBERT, 1, p. 44, Taf. 1, Fig. 13.
1946 *Pectunculus (Axinea) bimaculatus* — SIEBER, p. 112.
1957 *Glycymeris (Axinea) deshayesi* — ZBYSZEWSKI, p. 114, Taf. 2, Fig. 17.
1958 *Glycymeris bimaculatus* — HOELZL, p. 48, Taf. 1, Fig. 12, Taf. 2, Fig. 3.
1959 *Glycymeris (G.) pilosa deshayesi* — ANDERSON, p. 83, Taf. 13, Fig. 7.
1962 *Glycymeris (G.) pilosa deshayesi* — BALDI, p. 115, Taf. 1, Fig. 4, Taf. 2, Fig. 1—2, Taf. 8, Fig. 9, Taf. 9, Fig. 1—4, Taf. 10, Fig. 1—2, Taf. 11, Fig. 4, 7—8.

Eine großwüchsige, dickschalige Form von gleichmäßiger starker Wölbung. Der wenig hervortretende Wirbel liegt im Mittel der gleichseitigen kreisrunden bis etwas querovalen Schale. Nur der Ventralrand zeigt sich manchmal schwach abgestutzt. Auf der Oberfläche ganz flache, schmale Radialrippen, die gegen den Ventralrand rasch an Breite zunehmen. Sie werden von scharfen schmalen Furchen getrennt. Konzentrisch darüber hinweg verlaufen in verschiedenen Abständen die Zuwachsringe. Ligamentarea kurz, hoch und fast gleichseitig mit 7—8 breiten Rippen, auf den beiderseitigen Schloßplatten 5—7 schief nach oben divergierende, oft hakenförmige starke, kurze Zahnlamellen, die sich öfters auch über das Mittelfeld fortsetzten. Hinterer Muskeleindruck oval, vorderer groß, dreieckförmig, der Mantel ganzrandig. Der Schalenrand deutlich gezähnelt.

Bemerkungen: Nach der Studie von BALDI (1962) über *Glycymeris* s. str. im europäischen Oligozän und Miozän, ist es sicher, daß auch die von Fels vorliegenden Exemplare zu *Glycymeris (G.) pilosa deshayesi* gehören. Sie zeigen zwar einen schwächer entwickelten Wirbel als die von BALDI abgebildeten Exemplare, die meisten sind kreisrund und legten zuerst die Vermutung nahe, daß es sich dabei doch um die auch rezent bekannte Art *Gl. bimaculata* handeln könne.

Nach BALDI tritt diese Art ab dem basalen Burdigalien in allen Faunenprovinzen Europas recht häufig auf. Sie geht aus der oligozänen Form: *Gl. pilosa lunulata* hervor, wobei sich die rezente Art *Gl. bimaculata* erst im jüngeren Pliozän daraus entwickelt haben dürfte.

Maße: Länge: 81 mm, Höhe: 75 mm, Dicke: 23 mm.

Glycymeris (G.) cor (LAMARCK 1805)

1805 *Pectunculus cor* — LAMARCK, p. 217.
1898 *Axinea (an Pseudaxinea) insubrica* — SACCO, p. 33, Taf. 8, Fig. 11—21.
1898 *Axinea insubrica* var. *transversa* — SACCO, p. 36, Taf. 9, Fig. 1—3.
1909 *Pectunculus cor* — DOLLFUS, p. 365, Taf. 3, Fig. 7—14, Taf. 4, Fig. 1—9.
1910 *Pectunculus (Axinea) Fichteli* — SCHAFFER, p. 57 (partim, tandem Taf. 27, Fig. 3—5, non DESHAYES).
1912 *Pectunculus (Axinea) cor* — COSSMAN & PEYROT, p. 251, Taf. 6, Fig. 13—16.
1958 *Glycymeris cor* — HOELZL, p. 50, Taf. 2, Fig. 1.
1958 *Glycymeris cor transversus* — HOELZL, p. 51.
1962 *Glycymeris (Gl.) cor* — BALDI, p. 120, Taf. 2, Fig. 3, Taf. 10, Fig. 3—6, Taf. 11, Fig. 1—3.

Bemerkungen: Nach Vergleich mit dem Material HOELZL's aus dem Burdigal des Kaltenbachgrabens und französischem Material aus Saucats und Leognan scheint diese Art eine große Variationsbreite zu besitzen. Aus Fels liegen nur wenig Exemplare vor, die nach ihrem verlängerten Schalenumriß zur Varietät: *Gl. cor transversus* gestellt werden müßten. BALDI (1962) zieht alle diese Varietäten zum Formenkreis des *Gl. (G.) cor* zusammen und gibt eine vorzügliche Beschreibung des Umfanges der Art. *Gl. (Gl.) cor* tritt nach BALDI mit dem basalen Miozän in allen europäischen Faunenvergesellschaftungen auf, außer in der borealen Provinz, in die er nie eingedrungen ist.

Maße: Länge: 36 mm, Höhe: 28 mm.

Mytilus sp.

Der vordere Rest einer kleinen, dünnschaligen, dreiseitigen Mytilusart, mit einem an der breiteren Vorderseite gelegenen spitzen Wirbel, von dem aus ein leicht gedrehter, stumpfer Kiel nach rückwärts zieht und gegen die Ventralseite zu wieder verflacht. Die beiden Seitenränder sind gerade, der Hinterrand gerundet.

Bemerkungen: Ähnlichkeit zeigt dieses Schalenfragment mit dem von DOLLFUS & DAUTZENBERG (1902) abgebildeten *Mytilus minimus* POLI, doch ist eine Identifizierung damit sehr unsicher, da das aus Fels am Wagram vorliegende Exemplar sehr schlecht erhalten ist und keine Skulpturelemente erkennen läßt.

Septifer saccoi COSSMANN & PEYROT 1914

1914 *Septifer saccoi* — COSSMANN & PEYROT, 68, p. 36, Taf. 12, Fig. 8—11.

Gehäuse klein, dreieckig, gewölbt, Hinterseite etwas ausgezogen, Wirbel spitz und endständig. Der Vorderrand gerade, mit dem Ventralrand einen abgerundeten spitzen Winkel einschließend. Der Ventralrand steigt gegen den Hinterrand an, um mit diesem einen Winkel von etwa 45° zu bilden. Hinterrand gerade, gegen den Wirbel ansteigend. Vom Wirbel verläuft zur vorderen Ecke des Ventralrandes ein starker, gerundeter Kiel, von dem aus die Vorderseite sehr steil abfällt. Die Oberfläche ist von rückwärts divergierenden Rippen bedeckt, die auf der steilen Vorderfläche etwas feiner ausgebildet sind. Sie werden durch die konzentrischen Zuwachslamellen unterbrochen, die oft stufenförmige Absätze bilden. Schloßplatte durch ein Septum verlängert. Schloß aus vier bis fünf hakenförmigen Kerbzähnchen, welche sich auch auf dem Arealrand fortsetzen. Die Ligamentfurche zieht in die Schale hinein unter dem Arealrand bis zu etwa ein Drittel der Schalenlänge. Darüber liegt die Kerbzähnchenleiste. Diese Zähnelung setzt sich ganz schwach auch am Ventralrand und am hinteren Vorderrand fort.

Bemerkungen: Von der bei HOERNES (1870) beschriebenen Art: *S. superbus* HOERNES unterscheidet sie sich deutlich durch die Skulptur, den weniger dreiseitigen

Umriß, ferner durch die deutlich längere Ligamentfläche. Die zweite Art: *S. oblitus* MICH., welche auch bei HOERNES aus dem Wiener Becken erwähnt wird, gehört nach COSSMANN & PEYROT (1914) und SIEBER (1955) nicht dieser Art an und es wird von COSSMANN & PEYROT der Name: *S. hoernesi* vorgeschlagen. Von *S. saccoi* unterscheidet sie vor allem die größere Breite. *S. cornutus* COSSMANN ist mehr gewölbt und weniger breit, auch ist die Ligamentfurche wesentlich länger.

Nach COSSMANN & PEYROT (1914) kommt sie in Westfrankreich im Aquitanien vor.

Maße: Länge: 8 mm, Höhe: 5 mm, Dicke: 2 mm.

Pinna (Atrina) pectinata brocchi D'ORBIGNY 1852

1852 *Pinna Brocchi* — D'ORBIGNY, 3, p. 125, Nr. 2361.
1870 *Pinna Brocchi* — HOERNES, M., 2, p. 372, Taf. 50, Fig. 1, 2.
1898 *Pinna pectinata* L. var. *Brocchi* — SACCO, 25, p. 29, Taf. 8, Fig. 1.
1914 *Atrina Basteroti* — COSSMANN & PEYROT, 68, p. 67, 68, Taf. 11, Fig. 31—32.
1955 *Pinna (Atrina) pectinata brocchi* — SIEBER, p. 173.
1958 *Pinna (Atrina) pectinata brocchi* — HOELZL, p. 57, Taf. 2, Fig. 5.
1959 *Pinna (Atrina) pectinata brocchi* — CTYROKY, p. 79, Taf. 2, Fig. 2—4.
1960 *Pinna pectinata brocchi* — SENEŠ, p. 106, 107.

Diese Art ist für das österreichische Burdigalien neu, doch konnten bei Aufsammlungen im Gebiet von Eggenburg auch dort die sehr charakteristischen Schalenbruchstücke und Steinkerne beobachtet werden. Die von SACCO (1898) vorgeschlagene Abtrennung der von HOERNES (1870) angeführten *Pinna Brocchi* als var. *vindobonensis* ist nicht gerechtfertigt, da HOERNES (1870, p. 372) selbst betont, daß die konzentrischen Rippen am Arealfeld „entfernt stehen" und die Originale auch nicht so breit sind. Die von COSSMANN & PEYROT neu aufgestellte Form: *A. basteroti* fällt unter die Synonymie von *P. (A.) pectinata brocchi*, nach ZBYSZEWSKI (1957) würde sie unter die Synonymie von *P. pectinata* fallen, doch unterscheidet sich diese durch die viel geringere Breite ganz wesentlich. RUTSCH (1928) schlägt vor, die aus dem „Typus-Helvetien" beschriebene *P. pectinata brocchi* als eigene Varietät anzusehen, da sie breiter ist als *P. pectinata brocchi*, und sie als *P. pectinata bachmanni* nach MAYER zu bezeichnen.

In fast allen neogenen Faunengebieten nachgewiesen.

Chlamys bruei PAYRAUDEAU 1826
Taf. I, Fig. 3

1826 *Pecten bruei* — PAYRAUDEAU, p. 78, Taf. 2, Fig. 10—14.
1897 *Pecten ? bruei* — SACCO, 24, p. 9, Taf. 1, Fig. 31—33.
1913 *Chlamys bruei* — GIGNOUX, p. 374.
1928 *Chlamys (Flexopecten) ampferi* — KAUTSKY, p. 262, Taf. 7, Fig. 8.
1939 *Chlamys bruei* — ROGER, p. 201, Taf. 21, Fig. 3—9.
1960 *Chlamys bruei* — CSEPREGHY-MEZNERICS, p. 25, Taf. 16, Fig. 9.

Eine dünnschalige, durchscheinende, flachgewölbte, fast gleichseitige Form. Der Apicalwinkel etwa 90°, die beiden Seitenränder gerade abfallend und mit einem stumpfen, gerundeten Winkel in den stark konvexen Unterrand übergehend. Die Ohren sind ungleich entwickelt, das vordere größer als das hintere. Das vordere Ohr der rechten Klappe mit tiefem Byssusausschnitt, ansonsten wie das vordere Ohr der linken Klappe mit 7 starken Radialrippen verziert. Darüber hinweg verlaufen den Zuwachsstreifen folgende Rippen, wodurch sich schwache Knötchen bilden. Die hinteren Ohren sind klein mit 3—4 Radialrippen verziert, welche durch die sie kreuzenden Zuwachsrippen ebenfalls Knötchen ent-

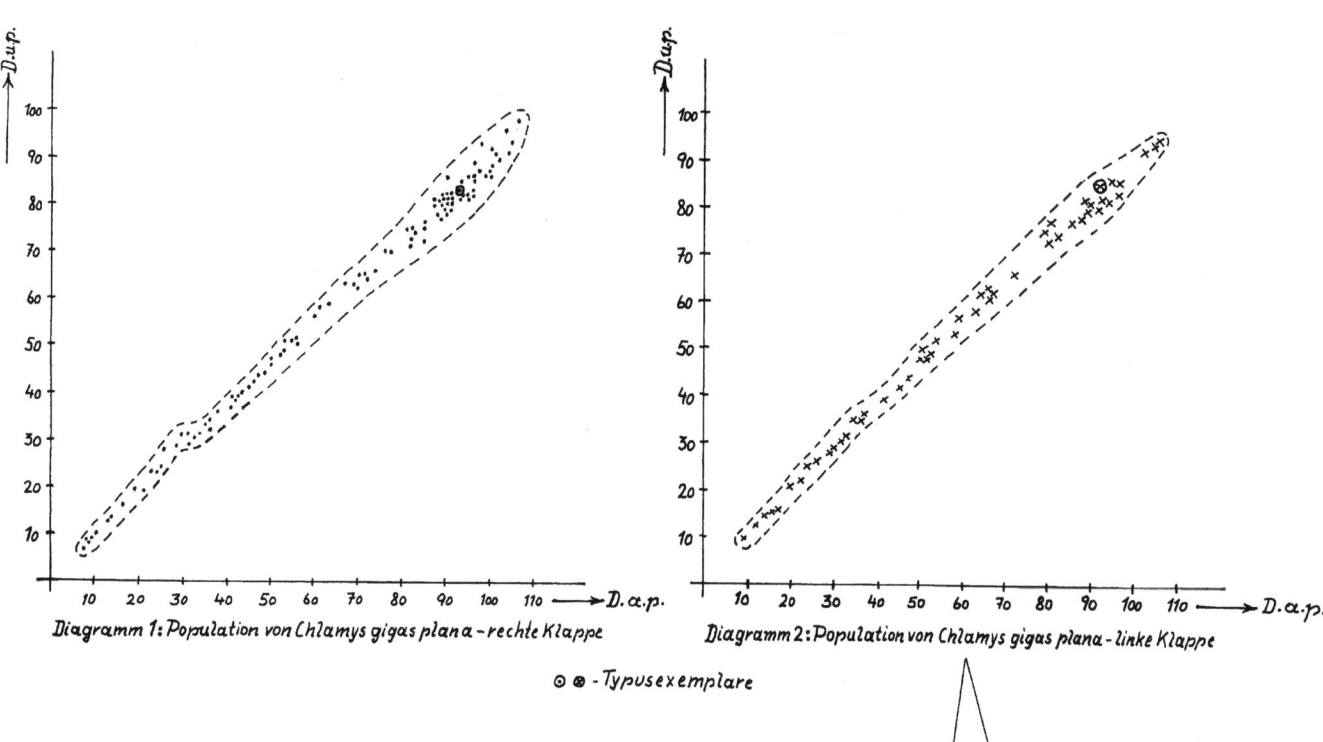

Diagramm 1: Population von Chlamys gigas plana - rechte Klappe

Diagramm 2: Population von Chlamys gigas plana - linke Klappe

⊙ ⊗ - Typusexemplare

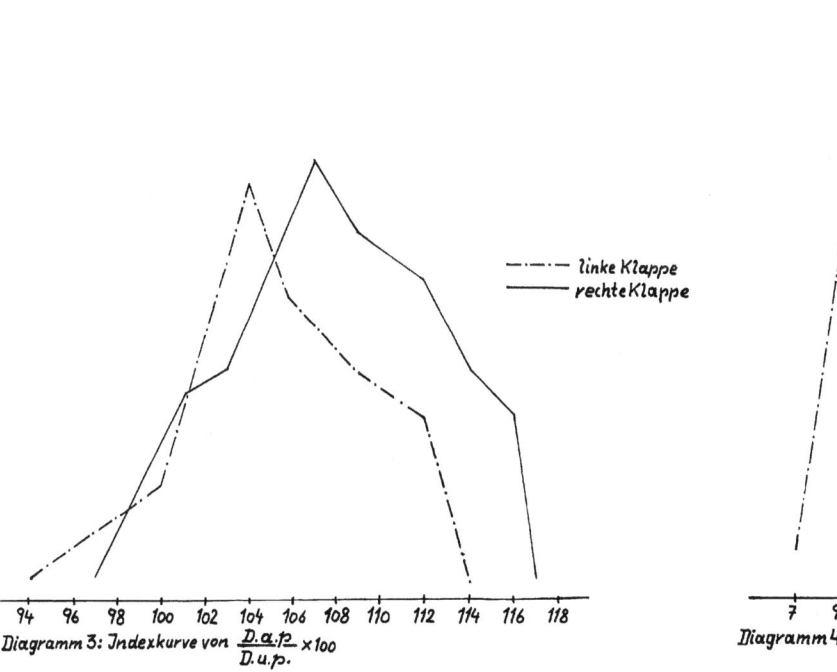

linke Klappe
rechte Klappe

Diagramm 3: Indexkurve von $\frac{D.a.p.}{D.u.p.} \times 100$

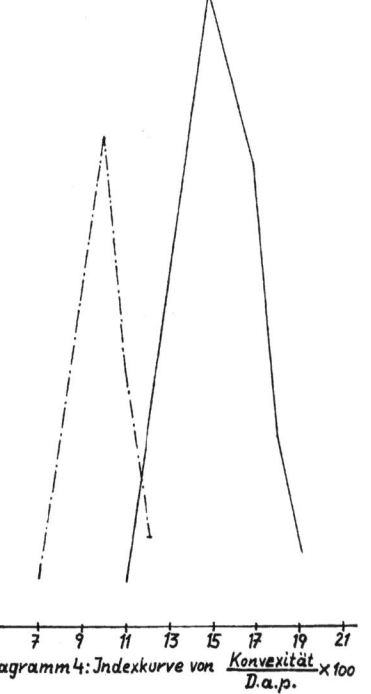

Diagramm 4: Indexkurve von $\frac{Konvexität}{D.a.p.} \times 100$

Textabb.: 3

wickelt haben. Die Oberfläche der beiden Klappen ist mit stärkeren Primär- und sich dazwischenschaltenden Sekundärrippen verziert, die sich im Mittel der Schale oft zu zweit eingeschaltet finden und auf der rechten Klappe oft dieselbe Stärke wie die Primärrippen erreichen können. In den Zwischenräumen treten besonders deutlich in den Randpartien, nach außen divergierende feine Streifen auf, die nur unter der Lupe sichtbar werden. Am Wirbel der rechten Klappe liegen etwa 12—15 Rippen, am Wirbel der linken 10—14. Die Innenfläche der Schale ist glatt, nur gegen den Ventralrand leicht gewellt.

Bemerkungen: Die von ROGER (1939) abgebildeten Exemplare zeigen eine ziemlich weite Variation in der Ausbildung der Rippen und es ist daher anzunehmen, daß die von KAUTSKY (1928) neu aufgestellte Art wirklich hierher zu stellen ist, da sie sich nur durch die Berippung ein wenig unterscheidet. Bisher war das Vorkommen nur auf das Pliozän beschränkt, und erst KAUTSKY konnte sie aus dem Miozän nachweisen.

Auch unsere Exemplare unterscheiden sich etwas durch die vermehrte Anzahl von Sekundärrippen, doch fallen sie durchaus noch in die Variationsbreite, die ROGER angibt. Von CSEPREGHY-MEZNERICS (1960) wird ein Bruchstück aus dem Helvetien von Ungarn (Püspökhatvan) beschrieben.

Maße: Länge: 11 mm, Höhe: 13 mm (linke Klappe).
Länge: 12 mm, Höhe: 13,5 mm (rechte Klappe).

Chlamys incomparabilis RISSO 1826
Taf. II, Fig. 2, 3

1826 *Pecten incomparabilis* — RISSO, 4, p. 302, Taf. 11, Fig. 154.
1826 *Pecten vitreus* — RISSO, 4, p. 303, Taf. 11, Fig. 156.
1836 *Pecten Testae* BIVONA-PHILIPPI, p. 81, Taf. 5, Fig. 17—17 a.
1889 *Pecten (Palliolum) incomparabilis* — BUCQUOY, DAUTZENBERG & DOLLFUS, p. 109, Taf. 16, Fig. 18—19.
1897 *Chlamys (Palliolum) incomparabilis* — SACCO, 24, p. 45.
1899 *Pecten textus* — BOECKH, p. 13, Taf. 2, Fig. 16.
1907 *Chlamys (Palliolum) incomparabilis* — CERULLI-IRELLI, 1, p. 97, Taf. 6, Fig. 9.
1913 *Chlamys (Palliolum) incomparabilis* — GIGNOUX, p. 384.
1914 *Chlamys (Camponectes) textus* — ROTH v. TELEGD, p. 66, Taf. 6, Fig. 9.
1939 *Chlamys incomparabilis* — ROGER, p. 204, Taf. 20, Fig. 7 a—b, Taf. 21, Fig. 2 a—b.
1959 *Chlamys decussata* — VANOVA, p. 157, Taf. 20, Fig. 10—12.
1960 *Chlamys (Camponectes) texta* — CSEPREGHY-MEZNERICS, p. 37.
1962 *Chlamys (Camponectes) incomparabilis* — HOELZL, p. 58, Taf. 2, Fig. 3.

Die Schale ist klein, zart durchscheinend, flach gewölbt und gleichseitig. Der Apicalwinkel beträgt etwa 90°. Die Oberfläche ist mit ganz feinen, enggedrängten, dichotomierenden, nach außen gegen die geraden Flankenkanten gebogenen Rippen versehen, die auch über die hinteren Ohren hinwegsetzen. Diese Rippen werden durch die in weiteren Abständen darüber hinweglaufenden Zuwachsstreifen gekreuzt. Die hinteren Ohren der beiden Klappen sind klein dreieckig. Das vordere Ohr der rechten Klappe groß, mit tiefem Byssusschnitt und 7—8 starken, rundlichen Radialrippen verziert, die durch Zuwachsstreifen gekreuzt werden. Ctenolium der rechten Klappe vom Wirbel an mit einer Zähnchenreihe besetzt, wobei etwa sechs Zähnchen noch frei nach dem Ohrenanwachs stehen. Das vordere Ohr der linken Klappe ist ebenso groß, doch ohne Byssusausschnitt, mit 7—8 schwächeren Radialrippen und 10—12 diese kreuzenden Rippen versehen, wodurch an den Kreuzpunkten deutliche Knötchen entstehen. Die Schaleninnenseite ist völlig glatt.

Bemerkungen: Diese Art tritt in Fels am Wagram nicht selten auf, obwohl die Schalen sehr zerbrechlich und zart sind. *Chl. tigerina*, die unserer Form sicherlich sehr nahe steht, wird aber deutlich durch die Skulptur, besonders auf den Ohren unterschieden. Ebenso *Chl. striata,* wo durch die feine Rippenornamentation der Schalenoberfläche noch eine schwache, aber deutlich grobe Radialrippung durchtritt.

Obwohl diese Art fossil bisher nicht sehr häufig, und wenn, nur in jüngeren Ablagerungen auftritt, zeigen unsere Exemplare eine völlige Übereinstimmung mit den Abbildungen und der Beschreibung bei ROGER (1939). Auch scheint sie in den mediterranen Faunenprovinzen im jüngeren Chattien/Aquitanien und dem basalen Burdigalien (Fels am Wagram) nicht selten zu sein:

Sie wird von BOECKH (1899) aus dem Chattien? oder Aquitanien von Göd, aus dem Chattien (? Aquitanien) von Eger und von VANOVA (1959) aus dem durch PAPP (1960) mit Myogypsinen gesicherten Aquitanien von Safarikova abgebildet (vgl. auch CSEPREGHY-MEZNERICS 1960). GRILL (1935) und ABERER (1957) führen sie aus den chattischen Linzer Sanden an. Der Vergleich mit dem Originalmaterial von GRILL (1935) bestätigte die Bestimmung, nur sind die meisten Exemplare etwas größer als die von Fels am Wagram.

Nach einer brieflichen Mitteilung von O. HOELZL (7. 2. 1961) kommt sie auch in Oberbayern im jüngeren Chattien und Aquitanien vor und stimmt mit den zum Vergleich gesandten Exemplaren aus Fels am Wagram völlig überein (vgl. auch HOELZL, 1962, p. 58).

Maße: Länge: 11 mm, Höhe: 11,8 mm (rechte Klappe).
Länge: 10,6 mm, Höhe: 11,2 mm (linke Klappe).

Chlamys gigas plana SCHAFFER 1910
Taf. II, Fig. 1 a, b

1870 *Pecten solarium* — HOERNES, M., 2, p. 403, Taf. 60, Fig. 2, 3.
1910 *Amussiopecten gigas* var. *plana* — SCHAFFER, p. 43, Taf. 22, Fig. 1, 2.
1939 *Chlamys gigas* — ROGER, p. 17.
1955 *Chlamys gigas plana* — SIEBER, p. 147.

Das mittelgroße Gehäuse ist ungleichklappig, gleichseitig, breiter als hoch und mäßig gewölbt. Rechte Klappe: Wirbel mäßig gekrümmt im Mittel der Schale. Die Flankenkanten ganz schwach konkav, einen Apicalwinkel von 118°—123° einschließend, der Palleairand schön gleichmäßig gerundet. Die Ohren fast gleich groß, das hintere gerade dreiseitig, das vordere mit seichtem, rundem Byssusausschnitt, dadurch Vorderrand wellenförmig. Die Schalenoberfläche wird von 12—13 Rippen, die den Palleairand erreichen, bedeckt. Sie sind anfangs von rundlichem Querschnitt und verflachen gegen den Rand zu. Die etwa zwei Drittel so breiten Zwischenräume sind anfangs gerundet, nach dem Rand zu eben. Die ganze Klappe und die Ohren werden von engstehenden, regelmäßigen, konzentrischen Zuwachsstreifen bedeckt, die bei nicht abgewitterten Exemplaren und an den Randpartien lamellenartig erhaben sind und eine rauhe Oberfläche erzeugen. Der Rand der Schaleninnenseite ist durch die durchgeprägten Zwischenräume bis gegen die Schalenmitte zu gerippt. Der Muskeleindruck groß oval, meist mit einer perlmutterartigen Kalklamelle überzogen. Linke Klappe: fast von kreisrundem Umriß, vom Palleairand bis gegen die Mitte der Schale gewölbt, von hier bis zum Wirbel eben. Die beiden Ohren dreieckig, nahezu gleich groß. Die schwach konkaven Flankenkanten schließen einen Apicalwinkel von etwa 125°—130° ein. Der Palleairand gleichmäßig gerundet. Vom Wirbel aus gehen fächerförmig gerundete Rippen, von denen 11 bis an den Rand reichen. Die Zwischenräume sind fast doppelt so breit wie die Rippen und eben. Auf den beiden Seitenfeldern sind noch je zwei schwache Rippen vorhanden, die aber gegen den Rand zu völlig verflachen. Die Schale wird von konzentrisch angeordneten, lamellenartigen Zuwachsstreifen bedeckt, die auch über die Ohren laufen und die Oberfläche rauh erscheinen lassen.

Bemerkungen: Diese Art tritt in Fels am Wagram sehr häufig auf und bildet über den groben Quarzsand eine bis zu 30 cm starke Bank. Hier finden sich alle Altersstadien und konnten in vielen Exemplaren geborgen werden, die meisten waren doppelklappig, die obersten blieben in Lebensstellung erhalten. Da diese Population einzigartig geschlossen vorliegt, wurde sie durchgemessen und es konnten folgende Beobachtungen gemacht werden: Die kleinsten Schalen, bei denen A. P. und U. P.-Abstand[1]) noch ziemlich gleich ist, lagen mir in einer Größe von A. P. (= U. P.): 9—14 mm vor, zeigten auf der rechten Klappe 14, auf der linken 12 Rippen, bei einer Kardinallinie von 5—6 mm und einer Konvexität der rechten Klappe: 1,3—1,6 mm, linken Klappe: 1—1,2 mm. Bei einer A. P.- (= U. P.-) Länge von etwa 20 mm sind auf den Seitenfeldern der rechten und linken Klappe noch je eine oder zwei Rippen hinzugetreten, so daß wir in diesem Stadium die Maximalzahl von bis an den Pallealrand reichenden Rippen sehen. Um eine A. P.- (= U. P.-) Länge von 30—40 mm setzt nun ein verstärktes Wachstum nach der A. P.-Richtung ein, durch Streckung der Seitenfelder (siehe Taf. 19, Diagramm 1). Dadurch werden die auf den Seitenfeldern gelegenen Rippen völlig verflacht und gehen verloren. Das Wachstum der Kardinallinie und auch die Zunahme der Konvexität schreitet kontinuierlich fort. Die adulten Schalen haben nun folgende Maße: Rechte Klappe A. P.: 90—94 mm, U. P.: 80—83 mm. Kardinallinie: 44—46 mm, Konvexität: 15—16 mm, Rippenzahl 12—13, Apicalwinkel: 118°—123°. Linke Klappe A. P.: 88—93 mm, U. P.: 80—85 mm; Kardinallinie: 41—44 mm, Konvexität: 9—11 mm, Apicalwinkel: 130°. Die Diagramme (siehe Textabb. 3) sollen die Geschlossenheit dieser Population veranschaulichen.

Lima (Limatula) subauriculata ? inframiocaenica COSSMANN & PEYROT (1914)
Taf. XIII, Fig. 8

1873 *Lima subauriculata* — BENOIST, p. 69, Nr. 193 (pars).
1914 *Lima (Limatula) subauriculata ? inframiocaenica* — COSSMANN & PEYROT, 68, p. 159, Taf. 22, Fig. 1—4.
1958 *Lima (Limatula)* cf. *subauriculata ? inframiocaenica* — SENEŠ, p. 50.

Eine kleine Form von ovalem Umriß, gut gewölbt, mit vorgezogenem kleinen Wirbel im Mittel der Schale. Oberfläche mit breiteren Rippen verziert.

Bemerkungen: Nach COSSMANN & PEYROT wird als von der Art *L. (L.) subauriculata* MONT. trennendes Merkmal die mit breiteren Rippen verzierte Oberfläche und die gerade gestreckte Form angegeben. Mir liegt leider nur ein Exemplar dieser Art vor, welches diese Merkmale zeigt und sicher zu *L. (L.) subauriculata* gehört.

Aus Westfrankreich wird *L. (L.) subauriculata ? inframiocaenica* aus dem Aquitanien und Burdigalien beschrieben. SENEŠ (1958) erwähnt sie aus dem Chattien (? Aquitanien) von Kovácov.

Anomia (Anomia) ephippium aspera PHILIPPI 1844

1844 *Anomia aspera* — PHILIPPI, 2, p. 65, Taf. 18, Fig. 4.
1867 *Anomia ephippium* L., var. *aspera* — WEINKAUF, p. 279.
1910 *Anomia ephippium* L., var. *aspera* — SCHAFFER, p. 24, Taf. 12, Fig. 8, 9.
1955 *Anomia (Anomia) ephippium aspera* — SIEBER, p. 176.
1958 *Anomia (Anomia) ephippium aspera* — HOELZL, p. 63.

Bemerkungen: Das einzige vorliegende Exemplar zeigt an der Vorderseite der Schale eine tiefe Einnehmung, die wahrscheinlich auf eine wachstumshemmende Verletzung der

---
[1]) A. P. = Anterior—Posterior-Länge.
U. P. = Umbo—Palleal-Länge.

Schale zurückzuführen ist. Ansonsten stimmt das Exemplar völlig mit dem Vergleichsmaterial aus dem Burdigalien des Eggenburger Beckens überein.

Maße: Länge: 45 mm, Höhe: 42 mm, Dicke: 10 mm.

Ostrea sacyi COSSMANN & PEYROT 1914
Taf. III, Fig. 1

1914 *Ostrea (Gigantostrea) sacyi* — COSSMANN & PEYROT, 68, p. 184, Taf. 19, Fig. 15—18.

Die Schale ist mehr oder weniger dick, groß, von unregelmäßig gerundetem bis dreiseitigem Umriß. Vorder- und Hinterrand geradlinig, schließen stumpfwinkelig den sonst kaum hervortretenden Wirbel ein. Die linke Klappe ist meist stärker gewölbt, die rechte Klappe flach. Auf der Oberfläche treten wenige unregelmäßige Radialrippen hervor, dazwischen Buckel und Unebenheiten. Darüber hinweg verläuft eine feine, konzentrische Skulptur. Das Schloß ist dreieckig, meist sehr schwach ausgeprägt. Dem Schalenrand entlang verlaufen nur in Schloßnähe sehr deutlich sichtbar sekundäre Zähnchen. Die Innenfläche ist glatt; der Muskeleindruck zentral, rundlich, groß. Die ganze Schale mit mattem, seidigem Glanz.

Bemerkungen: Die bisher nur aus dem Burdigalien von Westfrankreich bekannte Form wird durch die geringe Anzahl ihrer unregelmäßig angeordneten Radialrippen und durch den abgerundeten Muskeleindruck leicht von der ihr sehr ähnlichen O. *gigantea* SOC. unterschieden. O. *sacyi* ist durch ihre geringen und sehr unregelmäßigen Skulpturelemente und die Größe leicht abzutrennen.

Maße: Länge: 108 mm, Höhe: 92 mm.

Astarte (Tridonta) grateloupi DESHAYES 1843
Taf. XIII, Fig. 10

1843 *Astarte Grateloupi* — DESHAYES, 3, p. 146.
1874 *Astarte Grateloupi* — BENOIST, p. 59.
1912 *Astarte Grateloupi* — COSSMANN & PEYROT, 66, p. 141, Taf. 1, Fig. 39—44.
1958 *Astarte Grateloupi* — SENEŠ, p. 62.

Die dickschalige, kleine Form ist trigonal, schwach gewölbt, mit im Mittel der Schale liegendem, wenig eingekrümmtem Wirbel. Vorder- und Hinterrand sind abgerundet und ein wenig ausgezogen. Der Ventralrand ist gleichmäßig durchgekrümmt. Die Lunula deutlich abgesetzt, von langer lanzettförmiger Gestalt. Die Oberfläche mit konzentrischen, gerundeten Streifen bedeckt, deren Zwischenräume etwas breiter sind. Schloß der rechten Klappe: 3 a stark rudimentär, fast gänzlich mit dem Schloßrand verschmolzen. 1 ein starker länglicher Zahn, 3 b eine längliche Leiste. LA 1 und LP 1 zum Schloßrand parallele wulstförmige Leisten. Der Innenrand glatt.

Bemerkungen: *A. solidula*, welche unserer Art am nächsten kommt, ist viel größer, bauchiger und ungleichseitiger, auch ist die Ornamentierung gröber und ungleichmäßig.

Diese Form wird aus dem westfranzösischen Bereich beschrieben und tritt dort vom Burdigalien bis ins Tortonien auf; von SENEŠ (1958) wird sie im Chattien (? Aquitanien) von Kovácov erwähnt.

Maße: Länge: 75 mm, Höhe: 5 mm.

Astarte (Tridonta) levigrandis nov. spec.
Taf. I, Fig. 5 a, b; Fig. 6 a, b

Diagnose: Eine neue Art aus der Gattung: *Astarte* SOWERBY zur Untergattung: *Tridonta* SCHUHMACHER gehörig, mit folgenden Besonderheiten: groß, dickschalig, oben spitz, länger als hoch, Oberfläche fast völlig glatt, Innenrand glatt, nicht gezähnelt.

Arttypus: Paläontologisches Institut der Universität Wien, Inventar Nr. 1658.
Locus typicus: Dornergraben bei Fels am Wagram, Niederösterreich.
Stratum typicum: Burdigalien.
Derivatio nominis: levis — glatt (d. h. Oberfläche glatt), grandis — groß (im Sinne von großwüchsig).

Beschreibung: Die als Holotypus benutzte rechte Klappe eines normal großen Exemplares ist von dreieckiger Form, dorsal spitz und ventral von abgerundeter Gestalt, etwas länger als hoch, sehr dickschalig und flach gewölbt. Der spitze Wirbel leicht nach vorne gezogen, flach, nahezu im Mittel der Schale. Vorder und Hinterseite gerade abfallend, Ventralrand schön gerundet, gegen die Seiten aufsteigend und abgerundet. Lunula lang, lanzettförmig, von einer scharfen Falte begrenzt. Arealfeld durch einen scharfen Kiel abgegrenzt, lang, schmal, vorne ausgeschnitten für das äußerlich liegende Ligament. Oberfläche glatt, nur mit schwachen konzentrischen Zuwachsstreifen. Schloß, rechte Klappe: 3 ein starker, dreikantiger Zahn, 5 a eine schwach angedeutete Lamelle, 5 b völlig reduziert, LA I eine schon fast völlig reduzierte, längliche Lamelle. Linke Klappe: 2 a und 2 b zwei gleich starke, dreikantige, im spitzen Winkel zueinander liegende Zähne, LP II eine längliche, niedere Lamelle. Der vordere Muskeleindruck oval, der hintere rundlich, oben abgestutzt, der Mantel ganzrandig. Der innere Schalenrand nicht gezähnelt.

Bemerkungen: Der in Fels am Wagram ziemlich häufigen Form kommt *Astarte solidula* nahe, welche sich durch den gezähnelten Innenrand und die mit groben konzentrischen Rippen verzierte Oberfläche unterscheidet. GLIBERT (1957) bildet eine ganze Reihe von *Astarte gracilis* (MUENSTER GOLDFUSS) aus dem Chattien ab, von wellenförmig skulpturierten Formen bis zu fast völlig glatten. Besonders das auf Taf. 2, Fig. 3 h abgebildete Exemplar kommt unserer Form sehr nahe, doch sind die chattischen Exemplare konstant von geringerer Größe.

Maße: Holotypus: Länge: 32 mm, Höhe: 29 mm, Dicke: 7 mm.
Paratypoide (rechte Klappe): Länge: 26 mm, Höhe: 23 mm, Dicke: 6 mm;
(linke Klappe): Länge: 27 mm, Höhe: 24 mm, Dicke: 6 mm.

Beguina (Mytilicardita) crassa parva SIEBER 1956

1870 *Cardita crassicostata* — HOERNES, M., 2, p. 264, Taf. 34, Fig. 15.
1912 *Cardita crassa* — COSSMANN & PEYROT, 66, p. 155, Taf. 2, Fig. 11, 12.
1955 *Beguina (Mytilicardita) crassa parva* — SIEBER, p. 177.
1956 *Beguina (Mytilicardita) crassa parva* — SIEBER, p. 196.

Bemerkungen: Von der aus dem Burdigalien von Eggenburg beschriebenen *B. (M.) c. longogigantea* (SACCO) wird sie durch ihre Kleinheit und die viel stärker beschuppten Rippen unterschieden. Am nächsten kommt die von SIEBER (1956) neu aufgestellte Unterart: *B. (M.) c. longata* SIEBER durch die gleichmäßige und vermehrte Berippung und den Schloßbau. *B. (M.) sororcula* (MAYER) unterscheidet sich durch die quadranguläre Form.
Aus Österreich bisher nur aus dem Unter-Tortonien von Grund bekannt.

Maße: Länge: 7 mm, Breite: 5 mm.

Isocardia subtransversa major HOELZL 1958
Taf. III, Fig. 2, 3; Taf. IV, Fig. 2

1958 *Isocardia subtransversa major* — HOELZL, p. 69, Taf. 5, Fig. 2, 2 a; Taf. 6, Fig. 1.

Großwüchsig, länglich stumpf-oval, dünnschalig, stark gewölbt, der stark geblähte und eingekrümmte Wirbel der Vorderseite genähert. Arealrand abfallend, Hinterrand gerade und abgestutzt, Ventralrand gegen den Vorderrand aufsteigend. Vom Wirbel verlaufen gegen das gewinkelte Ende des Hinterrandes zwei stumpfe Kiele. Lunula groß, herzförmig, von der Schale nicht scharf abgetrennt. Die Oberfläche ist von wellenförmigen Zuwachsstreifen bedeckt. Schloß, rechte Klappe: 1 ein starker kegelförmiger Zapfen, 3 b eine zum Schloßrand parallele Lamelle, die von einer radialen Furche in zwei Lamellen geteilt wird. LP 1 eine starke, zum Schalenrand parallele dreieckige Lamelle. Schloß, linke Klappe: 2 b ein starker knotenförmig verdickter, länglicher Zahn, der mit einem dünnen Rand die Kardinalzahngrube 1 umschließt. 4 b eine sehr lange, dünne Lamelle parallel zum Schloßrand. LP 2 nicht so stark hervortretend wie LP 1.

Bemerkungen: Diese in Fels am Wagran recht häufig auftretende Art kommt zwar *I. werneri* aus dem Burdigalien von Eggenburg in der Schalenform nahe, doch ist sie, wie auch von *I. miotransversa* SCHAFFER, im Schloßbau wesentlich unterschieden. Mit den von HOELZL (1958) beschriebenen Exemplaren stimmen unsere Stücke sowohl in der Gesamtform und Größe als auch im Schloßbau überein. Das häufige Vorkommen ist wohl wie in Bayern auf die sandige Fazies zurückzuführen.

Für das österreichische Jungtertiär ist diese Form neu. Sie tritt in Oberbayern sehr häufig im Aquitanien auf und ist im Ober-Burdigalien schon selten.

Maße: Länge: 95 mm, Höhe: 78 mm, Dicke: 28 mm.

Cyprina girondica BENOIST (in coll.)
Taf. IV, Fig. 1; Taf. V, Fig. 1; Taf. VI, Fig. 1

1912 *Cyprina girondica* — COSSMANN & PEYROT, 1, p. 457, Taf. 20, Fig. 6—8.
1952 *Cyprina girondica* — MONGIN, p. 162.

Gehäuse sehr groß, herzförmig schief, ungleichseitig, dickschalig, von mittlerer Wölbung, der aufgeblasene, stark hervortretende Wirbel nach der verkürzten Vorderseite gezogen, aber wenig eingerollt. Lunularrand konkav durchgebogen. Vorderrand verkürzt und gut gerundet. Arealrand gerade bis leicht konvex in den verlängerten, ein wenig ovalen Hinterrand übergehend. Ventralrand weit und ebenmäßig durchgeschwungen. Lunula durch einen schwach angedeuteten Wulst abgegrenzt, groß, verlängert herzförmig. Oberfläche mit feinen konzentrischen Streifen bedeckt, die durch die in mehr oder minder regelmäßigen Intervallen deutlicher hervortretenden Zuwachszonen untergliedert werden. Von der Arealseite her ziehen feine Fäden quer über die Skulptur gegen den Ventralrand bis ins 1. Drittel der Schale, die nach ventral zu stärker werden und bis in die Mitte der Schale reichen. Die Schloßplatte sehr groß und lang, gebogen und weit ins Innere vorspringend. Schloß der rechten Klappe: 3 a eine kurze, starke Lamelle, 3 b ein riesiger, massiger, dreieckiger Zahn, dem im vorderen Teil eine längliche dreiseitige Lamelle aufgesetzt ist und der nach rückwärts zu ansteigend in einem undeutlichen, hügelförmigen Zahn gipfelt. Vorne und rückwärts durch zwei tiefe Zahngruben abgegrenzt. LA I ein niederer, hügelförmiger, LP I ein langgezogener, wulstartiger Zahn. Schloß, linke Klappe: 2 a eine sehr große, starke Lamelle, 2 b eine kaum bemerkbare Unebenheit zwischen 2 a und 4 b. 4 b eine lange, zum Arealrand parallele, hinten etwas verdickte Lamelle. LA II dreikantig, langgezogen, von lamellösem Aufbau. LP II schwach angedeutet. Die Muskeleindrücke sehr deutlich abgegrenzt. Der vordere oval gerundet, der hintere kreisförmig und nach vorne zugespitzt. Die Mantellinie ganzrandig und nach hinten offen.

Bemerkungen: Diese für das österreichische Tertiär neue Form steht *C. islandica* am nächsten. Doch ist *C. islandica* im Schalenumriß höher als *C. girondica*, die mehr schräggezogen ist. Außerdem ist die Schloßplatte bei *C. islandica* wesentlich kürzer, 3 b dadurch nicht so massig und viel deutlicher zweigeteilt. Daher erscheint 2 b als Wulst vorhanden.

C. rotundata aus dem deutschen und österreichischen Oligocän unterscheidet sich durch den kreisrunden Schalenumriß, den Schloßbau und die feingezähnelten Zuwachsringe der

Oberflächenskulptur, wodurch auch C. *scutellaria* DESH. unterschieden wird. So nimmt C. *girondica* eine intermediäre Stellung ein zwischen der älteren C. *rotundata* durch die sehr ähnliche Lunula und der jüngeren C. *islandica* durch den verwandten Schloßbau. Bisher war sie nur aus dem Burdigalien der Aquitaine und dem unteren Burdigalien der Provence bekannt.

Maße: Länge: 126 mm, Höhe: 112 mm, Dicke: 38 mm.

Coralliophaga transilvanica HOERNES 1870

1870 *Cypricardia transsilvanica* — HOERNES, M., 2, p. 170, Taf. 20, Fig. 5 a—d.
1912 *Coralliophaga transilvanica* — COSSMANN & PEYROT, 1, p. 467, Taf. 20, Fig. 19—26.
1934 *Coralliophaga transilvanica* — FRIEDBERG, p. 99, Taf. 17, Fig. 11—15.
1955 *Coralliophaga transilvanica* — SIEBER, p. 178.

Diese sehr kleine, zarte, dünnschalige Art ist nach hinten stark verlängert und erweitert, der eingekrümmte Wirbel zur abgerundeten, verschmälerten Vorderseite gezogen. Areal- und Ventralrand sind gerade und laufen nach vorne zusammen. Der Hinterrand fällt gerundet vom Arealrand ab und schließt mit dem Ventralrand einen etwas ausgezogenen, abgerundeten spitzen Winkel ein. Die Schale ist stark gewölbt, vom Wirbel zieht gegen die ventrale Hinterrandecke eine Kante, die im rückwärtigen Teil verflacht. Die Oberfläche ist mit gleichmäßigen, konzentrischen Zuwachsstreifen verziert, die vom Kiel weg von radialen Rippen gekreuzt werden und dadurch eine leicht gekörnelte Skulptur erzeugen. Gegen den Vorderteil der Schale zu werden diese Rippen immer schwächer, um vorne ganz zu verschwinden. Der Innenrand ist am Areal- und Hinterrand gezähnelt.

Bemerkungen: Von C. *deshayesi* wird C. *transilvancia* durch ihre längliche Form und die deutliche Skulptur unterschieden. Von C. *lithophagella* wäre sie ihrer Gestalt nach nicht zu unterscheiden, doch ist die Schalenoberfläche von C. *lithophagella* völlig glatt und zeigt nur unregelmäßige Zuwachsabsätze. HOERNES beschreibt ein Bruchstück aus Forchtenau, Burgenland. Aus der Aquitaine wird sie aus Aquitanien und Burdigalien erwähnt.

Maße: Länge: 4,2 mm, Höhe: 2 mm.

Anisodonta biali COSSMANN & PEYROT (1909)

Taf. XIII, Fig. 9

1909 *Basterotia biali* — COSSMANN & PEYROT, 1, p. 136, Taf. 5, Fig. 6—8.

Klein, von querovalem, eiförmigem Umriß, globulös, der Wirbel nach der verkürzten, gerundeten Vorderseite gezogen, der Ventralrand fast gerade, Arealrand hochgezogen, Hinterrand gerundet abfallend, schließt mit dem Ventralrand einen etwa 45° Winkel ein. Gegen diesen winkeligen Zusammenstoß von Ventral- und Hinterrand läuft vom Wirbel aus ein bauchiger Kiel, dadurch fällt die Schalenhinterseite sehr steil ab. Oberfläche glatt, nur mit einigen abgesetzten Zuwachsstreifen. Das Schloß der linken Klappe besteht aus einem starken, plattenförmigen 2 a, einer tiefen Grube und einem schwach angedeuteten 2 b.

Bemerkungen: Mit A. *corbiculoides* MAYER, die HOERNES (1870) aus dem Tortonien des Wiener Beckens beschreibt, kann sie nicht verwechselt werden, da der Kiel dieser Form scharfkantig ist. A. *biali* wurde bisher nur aus Cestas in der Aquitaine bekannt. Diese Lokalität gehört nach DROOGER, KAASCHIETERE & KEY (1955) in das obere Burdigalien.

Maße: Länge: 6,5 mm, Höhe: 5 mm, Dicke: 2 mm.

Saxolucina (Megaxinus) bellardiana (MAYER 1864)
Taf. VIII, Fig. 7

1847 *Lucina miocenica* — MICHELOTTI, p. 114, Taf. 4, Fig. 10.
1864 *Lucina bellardiana* — MAYER, p. 27.
1870 *Lucina miocenica* — HOERNES, M., 2, p. 288, Taf. 33, Fig. 3.
1901 *Megaxinus Bellardianus* — SACCO, 29, p. 75, Taf. 17, Fig. 29—31.
1911 *Miltha (Megaxinus) Bellardianus* — COSSMANN & PEYROT, 65, p. 658, Taf. 27, Fig. 10—13.
1955 *Saxolucina (Megaxinus) bellardiana* — SIEBER, p. 180.
1957 *Miltha (Megaxinus) bellardiana* — ZBYSZEWSKI, p. 133, Taf. 9, Fig. 92.
1958 *Saxolucina (Megaxinus) bellardiana* — HOELZL, p. 80.
1962 *Saxolucina (Megaxinus) aff. bellardiana* — HOELZL, p. 78.

Bemerkungen: *Saxolucina (M.) bellardiana* hat eine große regionale Verbreitung. SACCO (1901) führt sie vom Tongrien bis zum Piacentiano an, was auch ZBYSZEWSKI (1957) bestätigt. Nach COSSMANN & PEYROT (1911) tritt sie in der Aquitaine nur im Aquitanien und Tortonien auf und fehlt im Burdigalien und Helvetien. HOELZL (1958) beschreibt sie aus dem Aquitanien als häufig, dem Burdigalien als selten und dem Helvetien als wieder häufiger. Von KOCH wurde sie aus dem Burdigalien von Korod zitiert. Im österreichischen Burdigalien konnte sie hier zum ersten Male nachgewiesen werden.

Maße: Länge: 27 mm, Höhe: 25 mm, Dicke: 5 mm.

Lucinoma borealis (LINNÉ) 1766
Taf. II, Fig. 4

1766 *Venus borealis* — LINNÉ, 12, p. 1134.
1870 *Lucina borealis* — HOERNES, M., 4, p. 229, Taf. 33, Fig. 4.
1897 *Lucina borealis* — WOLFF, p. 244, Taf. 22, Fig. 1.
1901 *Dentilucina borealis* — SACCO, 29, p. 80, Taf. 18, Fig. 23—26.
1911 *Phacoides borealis* — COSSMANN & PEYROT, 65, p. 690, Taf. 28, Fig. 4—7.
1925 *Lucina (Phacoides) borealis* — KAUTSKY, p. 32.
1934 *Phacoides borealis* — FRIEDBERG, p. 103, Taf. 58, Fig. 5—10.
1945 *Lucinoma borealis* — GLIBERT, p. 155, Taf. 8, Fig. 3 a, b.
1955 *Lucinoma borealis* — SIEBER, p. 180.
1958 *Lucinoma borealis* — HOELZL, p. 76, Taf. 5, Fig. 3.
1962 *Phacoides (Lucinoma) borealis* — HOELZL, p. 74, Taf. 4, Fig. 2.

Eine fast kreisrunde, mittelgroße, ziemlich gewölbte Form, mit kleinem, wenig hervortretendem Wirbel. Der Arealrand fällt schief gegen den Hinterrand ab und schließt an diesem mit gerundetem Winkel an. Lunula tief eingesenkt, lanzettförmig ausgezogen. Die Schalenoberfläche mit gleichartigen, kräftigen, konzentrischen Lamellen verziert, die durch breite Furchen getrennt sind. Schloß, rechte Klappe: 3 a klein, zart, an den Lunularrand angeschlossen, 3 b stark, dreieckig, zweigeteilt, ein wenig gekrümmt und von 3 a durch eine tiefe, dreieckige Grube getrennt. Linke Klappe: 2 a, kräftig, zweigeteilt und ein wenig gekrümmt, 4 b sehr zart, länglich und an den inneren Rand der Bandnymphe angeschmiegt. 2 a und 4 b werden durch eine tiefe, dreieckige Zahngrube getrennt. Das Innere der Schale ist deutlich gestreift, der vordere Muskeleindruck lang, der hintere gedrungen oval.

Bemerkungen: Diese Form besitzt eine weite, zeitliche und räumliche Verbreitung (siehe KAUTSKY, 1925, und ANDERSSON, 1959). Aus dem österreichischen Bereich war sie bisher nur aus dem Unter-Torton von Grund bekannt.

Maße: Länge: 25 mm, Höhe: 23 mm, Dicke: 5 mm.

Lucinoma barrandei (MAYER 1871)
Taf. I, Fig. 2 a, b

1871 *Lucina Barrandei* — MAYER, 19, p. 340, Taf. 10, Fig. 1.
1901 *Dentilucina Barrandei* (MAYER) — SACCO, 29, p. 83, Taf. 19, Fig. 6.
1958 *Lucinoma barrandei* — HOELZL, p. 75, Taf. 6, Fig. 4.

Sehr großwüchsig, querverlängert oval, wenig stark gewölbt. Der kräftig nach vorne gekrümmte Wirbel liegt nahezu im Mittel der Schale, in gleicher Höhe des gekrümmten, ziemlich hochgezogenen Arealrandes. Lunularrand gerade, schön gerundet an den etwas hochgezogenen Vorderrand anschließend. Ventralrand durchgebogen, gerundet gegen den Vorderrand aufsteigend, an den Hinterrand stumpfwinkelig anschließend. Der Hinterrand in den Arealrand übergehend. Vom Wirbel verläuft gegen die stumpfe, ventrale Ecke des Hinterrandes eine deutliche Depression. Oberfläche mit konzentrischen Lamellen und darüber hinweglaufender, ganz feiner zum Vorderrand durchgebogener Streifung verziert. Schloß, rechte Klappe: 3 a oft weitgehend reduziert, 3 b stark ausgebildet, aber mit deutlich beginnender Teilung in zwei Lamellen. Dazwischen eine tiefe, dreieckige Grube zur Aufnahme von 2, der ebenfalls schon eine deutliche Zweiteilung zeigt. Ligamentgrube lang und tief. Vorderer Muskeleindruck lang oval, hinterer rundlich, Mantellinie ganzrandig mit leichter radialer Streifung.

Bemerkungen: Die aus Fels am Wagram vorliegenden Exemplare weichen von der typischen *Lucinoma barrandei* sowohl im Schalen- als auch im Schloßbau ab, doch dürfte dies ökologisch bedingt und auf die Lebensweise im Feinsandkomplex zurückzuführen sein. Eine subspezifische Abtrennung ist daher nicht gerechtfertigt. Die von SACCO (1901, 29, p. 83, Taf. 19, Fig. 7—9) aufgestellte und auch aus dem bayerischen Burdigalien beschriebene *L. barr. taurinorum* (vgl. HOELZL, 1958, p. 75, Taf. 7, Fig. 5, 5 a) ist mehr rundlich und zeigt einen anderen Schloßbau.

Diese Verlängerung der Schale und die Aufspaltung der Zähne, und damit der Festigkeit des Schloßapparates dürfte auf die im weichen Untergrund grabende Lebensweise zurückzuführen sein, wie KAUTSKY (1929) ausführt und auch PAPP (1939, 1958) bestätigt. KAUTSKY unterscheidet hier (1929) p. 210: I.) „Gute Graber auf weichem Untergrund (bei ruhigem Wasser): Vorgezogener von oben besehen, konkaver Vorderrand, langgestreckte Form, flach, dünnschalig, langes Ligament, Schloßreduktion durch Zerspaltung der Zähne."

Diese Form tritt relativ häufig in Schicht 6, den feinen, mehligen Sanden, meist in Lebensstellung auf.

Maße: Länge: 51 mm, Höhe: 40 mm, Dicke: 15 mm.

Divalinga divaricata rotundoparva SACCO 1901

1901 *Divaricella divaricata* var. *rotundoparva* — SACCO, 29, p. 99, Taf. 29, Fig. 14—15.
1910 *Divaricella divaricata* var. *rotundoparva* — SCHAFFER, 1, p. 102, Taf. 46, Fig. 11—14.
1911 *Divaricella divaricata* var. *rotundoparva* — COSSMANN & PEYROT, 65, p. 713, Taf. 28, Fig. 75—78.

Bemerkungen: Diese Art zeigt in ihrer regelmäßigen Rundung und ihrer Oberflächenverzierung solche Eigenheiten, daß die Abtrennung als Unterart von der rezenten *Divalinga divaricata* wohl gerechtfertigt erscheint und sie nicht, wie HOELZL (1958) es darstellt, mit *Divalinga ornata* zu vereinigen ist. Schon SCHAFFER (1910) beschreibt sie aus dem Burdigalien von Eggenburg, obwohl COSSMANN & PEYROT (1910) bemerken, daß sie nach ihrem bisherigen Auftreten nur ab dem Helvet bekannt sei. Die burdigalischen Formen sind etwas größer als die Exemplare aus dem französischen Helvetien und dem italienischen Pliozän.

Maße: Länge: 11 mm, Höhe: 11 mm, Dicke: 3 mm.

Eomiltha (Gibbolucina) transversa (BRONN 1831)
Taf. II, Fig. 5

1831 *Lucina transversa* — BRONN, p. 95, Nr. 532.
1870 *Lucina transversa* — HOERNES, M., 2, p. 246, Taf. 34, Fig. 2.
1901 *Megaxinus transversus* — SACCO, 29, p. 73, Taf. 17, Fig. 15—17.
1901 *Megaxinus transversus* var. *taurosubtypica* — SACCO, 29, p. 73, Taf. 17, Fig. 18.
1911 *Miltha (Megaxinus) subgibbosula* — COSSMANN & PEYROT, 65, p. 660, Taf. 27, Fig. 32.
1911 *Miltha (Megaxinus) subgibbosula* mut. *taurorotunda* SACCO — COSSMANN & PEYROT, 65, p. 660, Taf. 28, Fig. 9—10.
1934 *Miltha (Megaxinus) transversa* — FRIEDBERG, 2, p. 116, Taf. 19, Fig. 20—21.
1955 *Eomiltha (Gibbolucina) transversa* — SIEBER, p. 180.
1957 *Eomiltha (Gibbolucina) transversa* — ZBYSZEWSKI, p. 133.
1958 *Eomiltha (Gibbolucina) transversa* — HOELZL, p. 79, Taf. 6, Fig. 6.

Bemerkungen: Die Art zeigt eine sehr große Variationsbreite, besonders in der Ausgestaltung des Wirbels, der mehr oder weniger zugespitzten Vorderseite und der mehr oder weniger gerundeten und in die Länge gezogenen Rückseite. Dadurch unterschied SACCO (1909) mehrere Unterarten, von welchen nur *M. transversus taurotundata* (29, Taf. 17, Fig. 24—26) durch ihren kurzen, schön gerundeten Dorsalrand deutlich herausfällt, die auch COSSMANN & PEYROT (1910), 65, Taf. 27, Fig. 29—31) anführen. Die Art war bisher aus dem österreichischen Burdigalien nicht bekannt.

Maße: Länge: 21—23 mm, Höhe: 16—20 mm, Dicke: 5 mm.

Chama gryphina LAMARCK 1819

1819 *Chama gryphina* — LAMARCK, 6, p. 97. Nr. 2.
1870 *Chama gryphina* — HOERNES, M., 2, p. 212, Taf. 31, Fig. 2.
1899 *Chama gryphina* — SACCO, 27, p. 66, Taf. 14, Fig. 8—10.
1908 *Chama gryphina* — CERULLI — IRELLI, p. 114, Taf. 17, Fig. 1—2.
1910 *Chama gryphina* — SCHAFFER, p. 75, Taf. 34, Fig. 7—11.
1912 *Chama gryphina* — COSSMANN & PEYROT, 1, p. 538, Taf. 24, Fig. 23—25.
1913 *Chama gryphina* — DOLLFUS & DAUTZENBERG, p. 308, Taf. 24, Fig. 11—17.
1928 *Chama gryphina* — RUTSCH, p. 149, Taf. 40, 41.
1934 *Chama gryphina* — FRIEDBERG, p. 132, Taf. 21, Fig. 18.
1955 *Chama gryphina* — SIEBER, p. 181.
1957 *Chama gryphina* — ZBYSZEWSKI, p. 134, Taf. 4, Fig. 24.

Die rechte festgewachsene Klappe ist kräftig gewölbt, der Wirbel stark eingerollt. Vom Wirbel weg verläuft ein starker wulstartiger Kiel nach vorne unten. Schloß: 1 ein kräftiger Wulst, der quer unter dem Wirbel liegt, eine breite Bandgrube, 3 b eine schwach angedeutete Lamelle. Die Oberfläche ist mit konzentrischen Zuwachslamellen bedeckt, der Innenrand fein gezähnelt. Eine linke Klappe liegt nicht vor.

Bemerkungen: Diese Art scheint erst mit dem Burdigalien aufzutreten. Nur bei GOLDFUSS (1838, II) wird sie schon aus den oligozänen Sanden von Weinheim angegeben, dann später aber von SANDBERGER (1863) nicht mehr angeführt, sondern nur die Art *Ch.*

exogyra, welche massenhaft bei Weinheim auftreten soll. Da GOLDFUSS (1838, II) auch Piacenza als Fundort erwähnt, ist wohl ein Irrtum bei der Abbildung anzunehmen.

Maße: Länge: 21 mm, Höhe: 27 mm.

Laevicardium (Laevigardium) sandbergeri GUEMBEL 1861
Taf. IX, Fig. 3

1861 *Cardium Sandbergeri* — GUEMBEL, p. 743.
1897 *Cardium Sandbergeri* — WOLFF, p. 245, Taf. 22, Fig. 3.
1959 *Cardium* cf. *Sandbergeri* — VANOVA, p. 164, Taf. 23, Fig. 33.

Eine mittelgroße, dickschalige, stark gewölbte Form mit starkem, nach vorne eingerolltem Wirbel. Vorderrand und Ventralrand gerundet, Hinterrand gerade abgestutzt. Vom Wirbel zieht zum unteren Ende des Hinterrandes ein stumpfer Kiel, wodurch die Schalenfläche gegen den Hinterrand steil abfällt. Die Oberfläche mit etwa 33 rundgewölbten Rippen bedeckt, die aber stark abgeschliffen sind, so daß die dornartigen Erhöhungen auf den Rippen nur undeutlich zu sehen sind. Der Innenrand ist gezähnelt.

Bemerkungen: Die von GUEMBEL (1861) und WOLFF (1897) aus dem Aquitanien des Thalberggrabens beschriebene Form stimmt mit dem Exemplar aus Fels am Wagram völlig überein, nur ist unseres etwas größer. Leider ist es stark abgeschliffen und die Schloßplatte völlig eingeebnet.

Maße: Länge: 56 mm, Höhe: 61 mm, Dicke: 22 mm.

Laevicardium (Discors) spondyloides (HAUER 1847)
Taf. IX, Fig. 2 a, b

1847 *Cardium spondyloides* — HAUER, p. 354, Taf. 13, Fig. 4—6.
1870 *Cardium discrepans* — HOERNES, M., 2, p. 174, Taf 24, Fig. 1—5.
1899 *Discors discrepans* var. *semisculata* et *dertogibba* — SACCO, 27, p. 54, Taf. 12,
   Fig. 10, 11.
1903 *Cardium (Divaricardium) discrepans* Bast. var. *herculea* — DOLLFUS, COTTER
   & GOMES, Taf. 14, Fig. 1, Taf. 15.
1910 *Discors discrepans* — SCHAFFER, 1, p. 69, Textfig. 8, 9.
1912 *Discors discrepans* var. *herculea* — COSSMANN & PEYROT, 1, p. 527, Taf. 23,
   Fig. 7—10.
1913 *Cardium (Discors) spondyloides* — DOLLFUS & DAUTZENBERG, p. 330, Taf. 27,
   Fig. 7—10.
1928 *Discors spondyloides* — RUTSCH, p. 148, Taf. 9, Fig. 39.
1934 *Cardium (Discors)* cf. *spondyloides* — FRIEDBERG, p. 142, Taf. 23, Fig. 1.
1955 *Laevicardium (Discors) spondyloides* — SIEBER, p. 182.
1956 *Laevicardium (Discors) spondyloides* — SIEBER, p. 202.
1957 *Cardium (Discors) spondyloides* — ZBYSZEWSKI, p. 135.

Großwüchsig, gut gewölbt, der starke Wirbel spitz vorstehend, von eiförmig hochgestelltem Umriß. Lunularrand gerade gegen den gerundeten Vorderrand abfallend, ebenso der gerade Arealrand gegen den schief abgestutzten geraden Hinterrand, mit dem er einen stumpfen Winkel einschließt. Ventralrand durchgeschwungen gegen die Außenränder ansteigend. Die Oberfläche ist mit gegen den Rand zu völlig verflachenden, ganz eng aufeinanderfolgenden Radialrippen versehen. Am Rand, besonders im Mittelteil der Schale, liegt am Scheitel jeder Rippe eine tiefe haardünne Fuge. Durch konzentrische Zuwachsstreifen wird die Oberfläche weiter untergliedert. Schloß, rechte Klappe: 3 a ein kleiner, wenig hervortretender, 3 b ein starker, großer Zahn in Form einer dreiseitigen Pyramide.

LA I und LP I zwei kräftige, dicke, dreieckförmige Lamellen, LA III ein schwacher, kaum von der Wand abgehobener Ansatz. Linke Klappe: 2 kräftig, groß, kegelförmig, 4 b eine schwache, kurze Lamelle. LA II kräftig, groß, LP II ein dreieckförmiger Ansatz. Der Innenrand deutlich gezähnelt. Die Muskeleindrücke groß und deutlich.

Bemerkungen: Diese in Fels am Wagram sehr häufige Art war bisher aus dem österreichischen Burdigalien nur in wenigen Steinkernen aus Eggenburg bekannt. Nach Vergleich mit dem Material aus Korod in Siebenbürgen (Originalmaterial von HAUER 1847), im Naturhistorischen Museum in Wien, stimmen sie mit *L. (D.) spondyloides* gut überein und unterscheiden sich vom echten *L. (D.) discrepans* durch ihre Größe, den in die Höhe gezogenen Schalenumriß und das Fehlen von seitlichen Querfalten. Infolge des hohen Schalenumrisses kann auch das von FRIEDBERG (1934) abgebildete Exemplar sicher zu *L. (D.) spondyloides* gestellt werden. Im Wiener Becken tritt diese Form vom Burdigalien bis zum Tortonien auf.

Maße: Länge: 64 mm, Höhe: 71 mm, Dicke: 25 mm.

Cardium (Cardium) ritter-gulderi nov. spec.
Taf. VII, Fig. 1 a, b

Diagnose: Eine neue Art aus der Gattung *Cardium* zur Untergattung *Cardium* s. str. gehörig, mit folgenden Besonderheiten: groß, dünnschalig, verlängert, aufgeblasen, hinten klaffend, mit 29—31 Radialrippen, die ganz flach mit einem scharfen Kiel an der Hinterseite die Art kennzeichnen.

Arttypus: Paläontologisches Institut der Universität Wien. Inv.-Nr. 1659.

Locus typicus: Dornergraben bei Fels am Wagram, Niederösterreich.

Stratum typicum: Burdigalien.

Derivatio nominis: Nach den beiden Entdeckern der Fundstelle: Herrn Regierungsrat O. RITTER und Herrn Oberprokurist A. GULDER, beide Wien.

Beschreibung: Die als Holotypus benutzte rechte Klappe eines normalgroßen Exemplares ist rundlich dreiseitig, länger als hoch, dünnschalig und stark gewölbt. Der geblähte Wirbel liegt nahezu im Mittel der Schale, etwas der schön gleichmäßig gerundeten Vorderseite genähert. Der Arealrand fällt gerade ab, der Hinterrand ist etwas ausgezogen und zeigt zwei wellenförmige Ausbuchtungen, wodurch die Schale klafft. Er geht mit einem gerundeten spitzen Winkel in den gleichmäßig durchgeschwungenen Ventralrand über. Die Skulptur besteht aus etwa 30 deutlichen Rippen, die vom Wirbel aus fächerförmig über die Schale verlaufen. Die Rippen sind flach, breit und zeigen an ihrer Hinterseite einen scharfen Kiel, wodurch sie schuppig übereinander zu liegen scheinen. Sie werden von gerundeten, auf der einen Seite steil abfallenden, auf der anderen flach ansteigenden Zwischenräumen getrennt. Gegen den Arealrand zu verflachen die Rippen völlig und die Schale erscheint glatt. Konzentrisch darüber verlaufen wellenförmige Lamellen, die besonders an der Vorder- und Hinterseite sowie am Ventralrand ausgebildet sind. Die Innenfläche ist glatt, der Ventralrand stark gezähnelt. Der vordere Muskeleindruck groß, oval, der hintere kreisförmig, gegen die Schloßplatte zu leicht ausgezogen. Schloß, rechte Klappe: 3 a und 3 b stehen spitzwinkelig um eine spitze, tiefe Grube, 3 a klein dickplattig, 3 b riesig spitz, pyramidenförmig, LA I und LP I dreiseitige Lamellen, LA III und LP III zwei dünne kleine Lamellen. Linke Klappe: 2 a ein kegelförmiger, starker, 2 b ein schwacher, dünner, lamellenartiger Zahn, LA II dreiseitige, dünne Lamelle, LP II ein schwach angedeuteter Fortsatz.

Bemerkungen: Diese Form ist in Fels am Wagram die häufigste Form der großen Cardien. Im Schloßbau *Cardium (R.) grande* sehr ähnlich, unterscheidet sie sich jedoch kraß durch die flachen, breiten, gekielten Rippen. Es finden sich auch keine Übergangsformen zu den anderen Arten, und schon die kleinen juvenilen Exemplare zeigen die typischen Merkmale. *Cardium (C.) ritter-gulderi* scheint hier eine Lokalform zu bilden.

Maße: Holotypus: Länge: 92 mm, Höhe 82 mm, Dicke 29 mm (rechte Klappe).
Paratypus: Länge 87 mm, Höhe: 74 mm, Dicke 28 mm (linke Klappe).

Cardium (Cerastoderma) edule greseri (MAYER) WOLFF 1897
Taf. VIII, Fig. 6

1875 *Cardium greseri* — v. GUEMBEL, p. 29, 43.
1875 *Cardium mixtum* — v. GUEMBEL, p. 29.
1897 *Cardium greseri* MAYER — EYMAR — WOLFF, p. 247, Taf. 22, Fig. 9.
1958 *Cardium (Cerastoderma) edule greseri* — HOELZL, p. 98, Taf. 7, Fig. 10.

Eine mittelgroße, stark gewölbte Art von etwas schiefem, herzförmigem Umriß. Der stark hervortretende Wirbel etwas näher an die stumpfwinkelig abgerundete Vorderseite verlagert. Durch den schiefen Abfall des Arealrandes und den schief abgestutzten Dorsalrand endet die Rückseite mit einem schwach ausgeweiteten Flügel. Die Oberfläche ist mit etwa 26 Radialrippen verziert, welche sich durch die sehr dünne Schale durchprägen. Im Mittel der Schale sind die im Querschnitt runden Rippen so breit wie die Furchen, gegen die Außenränder werden die Furchen breiter und die Rippen von dreieckigem Querschnitt. Über Rippen und Furchen laufen konzentrische Zuwachslamellen.

Bemerkungen: Diese Art wurde bisher nur aus dem bayerischen Burdigalien bekannt. HOELZL (1958) bemerkt, daß sie dort nur in den basalen Schichtbänken des Kaltenbachgrabens häufig auftritt.

Maße: Länge: 23 mm, Höhe: 23 mm, Dicke: 9 mm.

Cardium (Cerastoderma) edule felsense nov. subspec.
Taf. VIII, Fig. 2, 3, 4, 5

Diagnose: Klein, flach, dünnschalig, quadrangulär mit 22—24 Rippen, die vorne flach, durch ganz schmale Furchen getrennt, hinten erhaben gerundet, mit breiteren Zwischenräumen ausgebildet sind. Innenrand gezähnelt.

Holotypus: Paläontologisches Institut der Universität Wien:
rechte Klappe: Inv.-Nr. 1660 a,
linke Klappe: Inv.-Nr. 1660 b.

Locus typicus: Dornergraben bei Fels am Wagram, Niederösterreich.

Stratum typicum: Burdigalien.

Derivatio nominis: Nach dem Fundort Fels am Wagram in Niederösterreich.

Diagnose: Das kleine, zartschalige Gehäuse ist mäßig gewölbt, flach, der Wirbel deutlich. Der Vorderrand gut gerundet, der Ventralrand durchgeschwungen. Arealrand fast gerade, Hinterrand abgewinkelt, schief gegen den Ventralrand abfallend. Die Schalenoberfläche ist mit 22—24 Radialrippen bedeckt, die an der Vorderseite ganz flach und eng aneinanderschließend nur durch schmale, rillenförmige Zwischenräume getrennt werden. Auf der Hinterseite treten sie etwas weiter auseinander, sind etwas erhaben und rundlich. Besonders deutlich auf einem Buckel, der vom Wirbel zum unteren Schalenrand zieht, ausgeprägt. Über diese Rippen verlaufen feine Zuwachsstreifen. Der Schaleninnenrand ist stark gezähnelt.

Bemerkungen: Im Schalenumriß variiert diese Form von rundlichen, hochgewölbten Gehäusen (Sammlungsnummer: 1660 c) über die häufigste Normalform, die als Typus gewählt wurde, bis zu einem nahezu völlig flachen, fast rechteckigen Gehäusetyp. (Sammlungsnummer: 1660 d), der wieder seltener auftritt. Die Art liegt von Fels am Wagram sehr häufig vor und bildet die hauptsächliche Füllung der in Schicht 6 auftretenden Taschen.

Sehr nahe steht die bei DOLLFUS & DAUTZENBERG (1902, p. 326, Taf. 26, Fig. 21, 22) beschriebene *C. (C.) edule rotundata* LAMARCK, doch ist sie durchwegs größer und rundlicher als unsere Form, auch zeigt sie keine Andeutung von Verflachung der Rippen. Auch die von BUCQUOY, DAUTZENBERG & DOLLFUS beschriebene *C. (C.) edule quadrata* kommt sehr nahe, doch ist diese Form wesentlich größer und dicker, auch verlaufen die Rippen gleichbleibend über die ganze Oberfläche. HOELZL (1962) bildet auf Taf. 4, Fig. 15, ein *Cardium (Cerastod.) edule* L. var. ab, das durch seine Anzahl der Radialrippen und den Umriß der Schale der neuen Unterart aus Fels am Wagram sehr nahe steht.

Maße: Typus: Rechte Klappe: Länge 11,6 mm; Höhe: 9,8 mm; Dicke: 3 mm.
Linke Klappe: Länge: 12,6 mm; Höhe: 11 mm; Dicke: 3,5 mm.
rundliche Form, rechte und linke Klappe:
Länge: 11; 12 mm; Höhe: 11; 11,7 mm; Dicke: 3,6; 4,4 mm.
flache, quadranguläre Form, rechte und linke Klappe:
Länge: 12,8; 12 mm; Höhe: 11; 10,6 mm; Dicke: 3; 3 mm.

Cardium (Rudicardium) grande tereticostales nov. subspec.
Taf. IX, Fig. 1 a, b

Diagnose: Eine neue Unterart der Art: *Cardium (Rudicardium) grande* HOELZL 1958 mit 27—29 starken Radialrippen, die nur auf der Rückseite die typische dreikantige Gestalt zeigen und ansonst halbrund sind.

Arttypus: Paläontologisches Institut der Universität Wien, Inv.-Nr. 1662.
Locus typicus: Dornergraben bei Fels am Wagram in Niederösterreich.
Stratum typicum: Burdigalien.
Derivatio nominis: teres = lat. abgerundet (im Gegensatz zu eckig), costa = Rippe.

Beschreibung: Gleicht in Gestalt, Schalenumriß und dem klaffenden Vorderrand völlig dem Typus. Die Zahl der starken Radialrippen ist hier auf 27—29 Stück vermindert, die nur noch am Hinterrand deutlich die dreikantige Gestalt zeigen, ansonst aber halbrund ausgebildet sind und von ebensolchen tiefen Furchen getrennt werden.

Bemerkungen: Neben typischen Exemplaren von *C. (R.) grande* HOELZL 1958 liegen mehrere Exemplare aus den Sanden von Fels vor, die trotz teilweise erodierter Schalenoberfläche die Unterschiede konstant und ohne Übergänge zeigen und so eine Abtrennung rechtfertigen.

Maße: Länge: 90 mm, Höhe: 81 mm, Dicke: 30 mm.

Cardium (Rudicardium) grande HOELZL 1958
Taf. VIII, Fig. 1 a, b

1958 *Cardium (Rudicardium) grande* — HOELZL, p. 100, Taf. 9, Fig. 1, 1 a.

Eine große, kräftig gewölbte Form mit stark hervortretendem, geblähtem Wirbel, der im Mittel der dreiseitig rundlichen Schale liegt, die hinten klafft. Vorderrand oval gerundet, Hinterrand gerade abfallend, etwas ausgezogen, mit dem wenig durchgebogenen Ventralrand, der nur beiderseits an den Außenrändern mäßig ansteigt, einen stumpfen, gerundeten Winkel einschließend. Die Oberfläche mit 30—32 dreikantigen, kräftigen Radialrippen bedeckt, die von ebensolchen tiefen Furchen getrennt werden. Gegen den Rand zu verlaufen darüber konzentrische Lamellen. Schloß, rechte Klappe: 3 a eine kleine, abgerundete Lamelle,

3 b ein großer, kräftiger, pyramidenförmiger Zahn. LA I und LP I zwei starke, dicke dreieckförmige Lamellen, LA III eine schwach angedeutete längliche Lamelle an der Schloßwand. LP III eine undeutliche Rinne. Der Innenrand gezähnelt, der vordere Muskeleindruck groß-tropfenförmig, der hintere groß-kreisförmig.

Bemerkungen: Das Auftreten dieser von HOELZL (1958) aus dem Burdigalien des Kaltenbachgrabens neu beschriebenen Lokalart bestätigt die enge Beziehung dieser beiden Molassenfaunen.

Maße: Länge: 86 mm, Höhe: 81 mm, Dicke: 28 mm.

Pitaria (Paradione) lilacinoides (SCHAFFER 1910)
Taf. V, Fig. 2, 3

1870 *Cytherea erycina* — HOERNES, 2, p. 154, Taf. 19, Fig. 1—2.
1910 *Callista lilacinoides* — SCHAFFER, 1, p. 78, Taf. 36, Fig. 1—5.
1928 *Meretrix (Callista) lilacinoides* — RUTSCH, p. 141, Taf. 8, Fig. 33.
1936 *Pitaria (Macrocallista) lilacinoides* — KAUTSKY, p. 2.
1955 *Pitaria (Paradione) lilacinoides* — SIEBER, p. 183.
1958 *Pitaria (Paradione) lilacinoides* — HOELZL, p. 112, Taf. 11, Fig. 3, 3 a, 3 b, 4, 4 a, 5, Taf. 12, Fig. 1, 1 a.
1959 *Pitaria (Paradione) lilacinoides* — CSEPREGHY-MEZNERICS, p. 88, Taf. 3, Fig. 2, 3, Taf. 4, Fig. 7.
1959 *Pitaria (Paradione) lilacinoides* — CTYROKY, p. 107, Taf. 6, Fig. 4, Taf. 7, Fig. 3.

Bemerkungen: Diese aus den östlichen Faunenprovinzen des Burdigalien immer wieder zitierte Form wurde von HOELZL (1958) aus ihrem westlichen Verbreitungsgebiet der Oberbayerischen Molasse (Kaltenbachgraben) bekannt gemacht. Durch den Fundpunkt Fels am Wagram konnte nun ein Verbindungsglied zu diesem Vorkommen gefunden werden. Der von RUTSCH (1928) aus dem Typusprofil des Helvetien beschriebene Steinkern vom Belpberg müßte erst durch bessere Erhaltung gesichert werden.

Es sei hier noch auf die klare Abgrenzung der Art und Gattung durch HOELZL (1958) hingewiesen.

Maße: Länge: 93 mm, Höhe: 63 mm, Dicke: 17 mm.

Venus (Ventricola) aquitanica (COSSMANN 1910)

1910 *Chione (Ventricoloida) aquitanica* — COSSMANN & PEYROT, 64, p. 354, Taf. 14, Fig. 17—20.
1958 *Venus (Ventricola) aquitanica* — HOELZL, p. 122, Taf. 12, Fig. 7.

Schale von fast kreisrundem Umriß. Der vordere, etwas kürzere Schalenrand oval abgerundet, der abfallende Arealrand schließt sich dem gerundeten Hinterrand an. Lunula herzförmig. Schloß: K. Z. leicht divergierend, 2 a länger und schmäler als 2 b; 4 b schmale Lamelle längs der Bandnymphe.

Bemerkungen: Das einzige Exemplar, eine linke Klappe, zeigt deutlich die von COSSMANN (1910) beschriebenen Sondermerkmale, obwohl es teilweise stark angewittert ist. Ein Vergleich mit den Exemplaren von HOELZL (1958) aus dem Kaltenbachgraben bestätigte die Bestimmung. Diese Form ist in der Aquitaine nur auf das Burdigalien beschränkt und tritt auch in Österreich bisher nur in dieser Position auf. COSSMANN beschreibt sie unter anderem aus der Lokalität Merignac, die nach DROOGER (1955, p. 44) als basales Burdigalien angesehen werden muß. Aus Oberbayern erwähnt HOELZL eine ähnliche Form bereits aus dem Aquitanien des Thalberg-Grabens.

Maße: Länge: 29 mm, Höhe: 28 mm, Dicke: 9 mm.

Venus (Ventricola) multilamella LAMARCK 1818

1818 *Cytherea multilamella* — LAMARCK, V, p. 581.
1870 *Venus multilamella* — HOERNES, M., 2, p. 130, Taf. 15, Fig. 2—3.
1900 *Ventricola multilamella* — SACCO, 28, p. 30, Taf. 8, Fig. 1—8.
1906 *Ventricola burdigalensis* — DOLLFUS & DAUTZENBERG, p. 198, Taf. 13, Fig. 15—17.
1908 *Venus (Ventricola) multilamella* — CERULLI-IRELLI, p. 128, Taf. 20, Fig. 10 bis 18, Taf. 21, Fig. 1—4.
1910 *Venus (Ventricola) multilamella* — SCHAFFER, p. 86, Taf. 40, Fig. 8, 9.
1911 *Chione (Ventricoloidea) multilamella* — COSSMANN & PEYROT, 2, p. 359, Taf. 13, Fig. 26—28.
1916 *Chione (Ventricoloidea) multilamella* — STEFANINI, p. 124, Taf. 3, Fig. 13—15.
1934 *Venus (Chione) multilamella* — FRIEDBERG, p. 62, Taf. 11, Fig. 4—5.
1936 *Venus (Ventricola) multilamella* — KAUTSKY, p. 9.
1945 *Venus (Dosina) multilamella* — GLIBERT, 1, p. 186, Taf. 11, Fig. 5 a—c.
1955 *Venus (Ventricola) multilamella* — SIEBER, p. 184.
1959 *Venus (Ventricola) multilamella* — CTYROKY, p. 108.

Bemerkungen: Schon KAUTSKY (1936) stellt in seiner biostratigraphischen Arbeit über die Veneriden des niederösterreichischen Miozäns fest, daß diese Art vom Burdigalien zum Pliozän allmählich an Größe zunimmt, was auch für die anderen Faunengebiete bestätigt werden kann (vgl. HOELZL 1958, RUTSCH 1928). Die zeitliche Verbreitung dieser Art ist sehr weit, sie tritt ab dem Aquitanien (Portugal, Oberbayern) bis zum Pliozän in fast allen Faunenprovinzen auf.

Maße: juv. Exemplar: Länge: 6 mm, Höhe: 5 mm.

Venus juv. sp.

Mehrere kleine, doppelklappige, juvenile Schalen einer schwach berippten Form. Der spitz hervortretende Wirbel ist nach vorne leicht durchgekrümmt. Vorderrand kurz schräg abfallend gerundet, in den konkaven Ventralrand übergehend. Arealrand gerade, der Hinterrand steil abfallend, schwach gewinkelt in den Ventralrand übergehend. Die Oberfläche fein konzentrisch berippt.

Bemerkungen: Diese juvenilen kleinen Formen dürften *Venus fasciculata* zugehören, der sie schon in diesem Stadium nahe kommen. Alle Exemplare waren doppelklappig.

Maße: Länge: 4,7 mm, Höhe: 3,8 mm, Dicke: doppelkl.: 2 mm.

Spisula (Spisula) subtruncata triangula RENIER 1804
Taf. XIII, Fig. 11 a, b

1804 *Mactra triangula* — RENIER, p. 6.
1870 *Mactra triangula* — HOERNES, M., 2, p. 66, Taf. 7, Fig. 11.
1901 *Mactra (Spisula) subtruncata* var. *triangula* — SACCO, 29, p. 26, Taf. 6, Fig. 7, 8.
1904 *Mactra (Spisula) subtruncata* var. *triangula* — DOLLFUS & DAUTZENBERG, 2, p. 115, Taf. 7, Fig. 1—10.
1909 *Mactra (Spisula) subtruncata* var. *triangula* — COSSMANN & PEYROT, 1, p. 186, Taf. 6, Fig. 15—17.
1909 *Mactra (Spisula) subtruncata* var. *triangula* — CERULLI-IRELLI, 15, p. 146, Taf. 24, Fig. 29—32.
1934 *Mactra (Spisula) subtruncata* var. *triangula* — FRIEDBERG, 1, p. 35, Taf. 7, Fig. 4—7.
1945 *Spisula (Spisula) subtruncata triangula* — GLIBERT, 1, p. 195, Taf. 12, Fig. 5 a—c.
1955 *Spisula (Spisula) subtruncata triangula* — SIEBER, p. 186.

Bemerkungen: Von *Spisula (S.) nadali* COSSM. & PEYR. aus dem Aquitanien der Aquitaine durch den abgewinkelten Hinterrand und den schnabelartigen Fortsatz unterschieden, außerdem schließen 3 a und 3 b hier einen sehr stumpfen Winkel ein. Bei *Spisula (S.) laevigata* DEFR. bilden 3 a und 3 b einen spitzen Winkel, und die Oberflächenstreifung ist sehr fein. *Spisula (Sp.) subtruncata bavaria* HOELZL aus dem Bereich Burdigalien/Helvetien der bayerischen Molasse zeichnet sich durch die ziemlich gewölbte Form und die die Länge übertreffende Höhe aus. Der Schloßbau ist hier noch nicht bekannt.

Maße: Länge: 5 mm, Höhe: 3,5 mm.

Lutraria (Lutraria) sanna BASTEROT 1825
Taf. X, Fig. 1

1825 *Lutraria sanna* — BASTEROT, p. 94, Taf. 7, Fig. 13.
1870 *Lutraria sanna* — HOERNES, M., 2, p. 56, Taf. 5, Fig. 5.
1901 *Lutraria sanna* — SACCO, 29, p. 31, Taf. 8, Fig. 5.
1902 *Lutraria sanna* — DOLLFUS & DAUTZENBERG, p. 105, Taf. 5, Fig. nur 12—15.
1909 *Lutraria sanna* — COSSMANN & PEYROT, 63, p. 196, Taf. 7, Fig. 6—12.
1910 *Lutraria sanna* var. *major* — SCHAFFER, 1, p. 94, Taf. 43, Fig. 7—9, Taf. 44, Fig. 1.
1955 *Lutraria sanna major* — SIEBER, p. 186.
1958 *Lutraria sanna* — HOELZL, p. 138, Taf. 13, Fig. 6.
1962 *Lutraria sanna* — HOELZL, p. 98, Taf. 6, Fig. 3, 4.

Bemerkungen: Die von SCHAFFER (1910) abgetrennte var. *major* fällt in die Variationsbreite der Art. Die aus Fels vorliegenden Formen zeigen eine etwas stärker verlängerte Rückseite und wären dadurch mit *Lutraria (L.) lutraria jeffreysi* De GREG. zu vergleichen, doch unterscheiden sie sich deutlich durch den geraden Arealrand und die stark verkürzte Vorderseite. *Lutraria (L.) sanna maxima* SCHAFFER und *Lutraria (L.) latissima* DESH. sind durch ihre Größe und die hohe und plump wirkende Rückseite verschieden.

Maße: Länge: 86 mm, Höhe: 45 mm.

Cyrtodaria neuvillei COSSMANN & PEYROT 1910

1910 *Cyrtodaria neuvillei* — COSSMANN & PEYROT, 68, p. 127, Taf. 4, Fig. 33—34.
1958 *Cyrtodaria neuvillei* — HOELZL, p. 147.

Es liegen von zwei Exemplaren Bruchstücke vor, die aber deutlich die stark nach hinten verlängerte Form, die konzentrischen Zuwachsstreifen und die stark verdickte und nach außen umgeschlagene Schloßplatte zeigen. Die Innenfläche ist deutlich gestreift.

Bemerkungen: Die Gattung *Cyrtodaria* war bisher aus dem österreichischen Neogen nicht bekannt, tritt aber schon im oberbayerischen Burdigalien des Kaltenbachgrabens auf (siehe HOELZL 1958). GLIBERT (1945, p. 213, Taf. 2, Fig. 13) bildet *Cyrtodaria angusta* aus dem belgischen Anversien ab. Diese Form steht der von COSSMANN & PEYROT aus dem Burdigalien der Aquitaine beschriebenen *Cyrtodaria neuvillei* sehr nahe, doch ist sie durch den nicht so stark verlängerten und mehr zugespitzten Hinterteil unterschieden.

Arcopagia subelegans D'ORBIGNY 1852
Taf. II, Fig. 6

1825 *Tellina elegans* — BASTEROT, p. 85, Taf. 5, Fig. 8 (non DESHAYES).
1838 *Tellina elegans* — GRATELOUP, p. 63.
1852 *Arcopagia subelegans* — D'ORBIGNY, III, p. 103, Nr. 1923.
1901 *Arcopagia subelegans* — SACCO, 29, p. 113, Taf. 24, Fig. 5—7.

1911 *Arcopagia subelegans* — COSSMANN & PEYROT, 2, p. 252, Taf. 9, Fig. 17—20.
1952 *Arcopagia subelegans* — HAGN & HOELZL, p. 44.

Die sehr zarte, dünnschalige Form von mittlerer Größe ist flach gewölbt, queroval verlängert, durch den ausgezogenen und gleichmäßig gerundeten Hinterrand. Der Vorderrand ist abgestutzt und geht stumpfwinkelig in den durchgeschwungenen Ventralrand über. Der Wirbel liegt dem Vorderrand genähert, wenig hervortretend und eingerollt. Vom Wirbel zieht gegen den abgestutzten Vorderrand eine schwache Falte, vor der eine seichte Depression liegt. Lunula durch eine scharfe Falte abgegrenzt, ein glattes rechteckiges Feld. Die Schalenoberfläche ist mit einer schönen, gleichmäßigen, konzentrischen Lamellskulptur bedeckt, die nur durch Zuwachszonen untergliedert wird. Schloß, rechte Klappe: 3 a eine dünne Lamelle, die mit dem starken, dreikantigen, oben in zwei Lamellen gespaltenen 3 b einen spitzen Winkel einschließt. LA I und LP I zwei dreieckförmige deutliche Zähne. Bei dem Schloß der linken Klappe ist 4 b nicht mehr ganz freistehend. Der innere Schalenrand ist glatt.

Bemerkungen: Von *Arcopagia crassa* ist sie deutlich durch ihre länglich ovale Gehäuseform und die feinere und gleichmäßigere Oberflächenornamentation auseinanderzuhalten. Die Exemplare aus Fels zeigen eine noch viel extremere Verlängerung des Hinterrandes, welches Merkmal jedoch, da es sich dabei wahrscheinlich nur um Anpassung an die herrschenden Umweltsbedingungen, die Lebensweise im Feinsand, handeln dürfte, nicht überschätzt werden soll und daher keine subspezifische Abtrennung von *Arcopagia subelegans* erfolgt.

Arcopagia subelegans wird aus dem Aquitanien und Burdigalien der Aquitaine von COSSMANN & PEYROT (1911) beschrieben, von HAGN & HOELZL (1952) aus dem Aquitanien des Thalberggrabens in Oberbayern erwähnt und konnte hier das erste Mal im österreichischen Neogen nachgewiesen werden.

Maße: Länge: 26 mm, Höhe: 18 mm, Dicke: 5 mm.

Angulus (Peronidia) nysti pseudofallax HOELZL 1958
Taf. III, Fig. 4

1958 *Angulus (Peronidia) nysti pseudofallax* — HOELZL, p. 153, Taf. 15, Fig. 3.
1960 *Angulus (Peronidia) nysti pseudofallax* — SENEŠ, p. 106.

Groß, wenig gewölbt, der Wirbel klein, im Mittel der Schale, Vorderseite schön abgerundet, länger als die zugespitzte Rückseite. Entlang des Arealrandes scharfer Kiel gegen den Hinterrand. Oberfläche durch feine konzentrische Streifen und ungleiche, braune Farbbänder verziert.

Bemerkungen: Die von HOELZL (1958) abgetrennte Unterart konnte nach Vergleich mit den Originalen aus dem Kaltenbachgraben bestätigt werden. Die nächstliegenden Beziehungen zeigen sich mit der Form *Angulus (P.) fallax* (KAUTSKY 1925, p. 42) aus dem Nordsee-Becken. Sie ist von dieser Form durch die geringere Größe und die nicht so stark ausgezogene Rückseite unterschieden. SENEŠ (1960) führt *Angulus (P.) nysti pseudofallax* aus dem Burdigalien des Waagtales an.

Maße: Länge: 50 mm, Höhe: 32 mm.

Panopea menardi DESHAYES 1828
Taf. VI, Fig. 2

1828 *Panopea Meynardi* — DESHAYES, 13, p. 22.
1845 *Panopea Meynardi* — DESHAYES, 2, p. 139, Taf. 7, Fig. 2—3.
1870 *Panopea Meynardi* — HOERNES, M., 2, p. 29, Taf. 2, Fig. 1—3.

1897 *Panopea Meynardi* — WOLFF, p. 256, Taf. 24, Fig. 1—3.
1901 *Glycimeris Menardi* — SACCO, 29, p. 43, Taf. 12, Fig. 4.
1902 *Glycimeris Menardi* — DOLLFUS & DAUTZENBERG, p. 74, Taf. 2, Fig. 19—20.
1909 *Glycimeris Menardi* — COSSMANN & PEYROT, 63, p. 123, Taf. 3, Fig. 40—41.
1910 *Glycimeris Menardi* — SCHAFFER, 1, p. 96, Taf. 45, Fig. 4, Taf. 46, Fig. 1, 2.
1945 *Panopea Menardi* — GLIBERT, p. 211, Taf. 12, Fig. 9 a—d.
1955 *Panopea Menardi* — SIEBER, p. 187.
1958 *Panopea Menardi* — HOELZL, p. 160.
1962 *Panopea meynardi* — HOELZL, p. 117, Taf. 7, Fig. 7, 8.

Bemerkungen: Diese fast in allen Faunenprovinzen weit verbreitete Art tritt ab dem Burdigalien bis zum Tortonien im österreichischen Neogen auf. Meist finden sich in Fels am Wagram doppelklappige Exemplare in Lebensstellung. COSSMANN & PEYROT unterscheiden als eigene Art: *Panopea rudolphii* (EICHW.), FRIEDBERG (1934) trennt sie als Subspecies von *Panopea menardi* als *Panopea menardi rudolphii* EICHW. ab. Sie unterscheidet sich hauptsächlich durch den wesentlich kürzeren Sinus von *Panopea menardi*, kommt ihr aber sonst sehr nahe.

Maße: Länge: 110 mm, Höhe: 62 mm, Dicke: 18 mm.

Saxicava (Saxicava) arctica LINNE 1767

1767 *Mya arctica* — LINNÉ, 12, p. 113.
1843 *Saxicava arctica* — NYST, p. 95, Taf. 3, Fig. 15.
1870 *Saxicava arctica* — HOERNES, M., 2, p. 24, Taf. 3, Fig. 1, 3, 4.
1901 *Saxicava arctica* — SACCO, 29, p. 47, Taf. 13, Fig. 1—3.
1902 *Saxicava arctica* — DOLLFUS & DAUTZENBERG, p. 72, Taf. 1, Fig. 31—32.
1909 *Saxicava arctica* — COSSMANN & PEYROT, 1, p. 131, Taf. 3, Fig. 20—27.
1909 *Saxicava arctica* — CERULLI-IRELLI, p. 167, Taf. 28, Fig. 3—10.
1934 *Saxicava arctica* — FRIEDBERG, p. 23, Taf. 3, Fig. 9—14.
1945 *Saxicava arctica* — GLIBERT, p. 209, Taf. 11, Fig. 7 a—d.
1955 *Saxicava arctica* — SIEBER, p. 187.
1959 *Saxicava arctica* — ANDERSON, p. 149, Taf. 18, Fig. 2 a—c.

Diese Art zeigt in ihrer äußeren Gestalt eine große Mannigfaltigkeit, sowohl von den Jugendexemplaren zu den adulten Stadien, als auch unter den adulten Stücken selbst. Das Gehäuse ist meist stark nach der Hinterseite verlängert, der Wirbel ganz an die Vorderseite verlagert und die Schale bauchig aufgeblasen, gewölbt. Vom Wirbel fällt der Vorderrand oft gerade gegen den Ventralrand ab, dieser ist gerade oder im Mittel der Schale eingebuchtet, der Hinterrand und Arealrand steigen gegen den Wirbel zu auf. Vom Wirbel verläuft gegen die Ecke Ventralrand-Hinterrand ein deutlicher Buckel. Die Oberfläche zeigt betonte Zuwachsringe, die oft stufenförmig hervortreten. Das Schloß besteht bei den Jugendstadien aus einem deutlichen Zahn, bei allen adulten fehlt dieser.

Bemerkungen: Besonders Jugendexemplare sind in Fels am Wagram häufig und zeigen die verschiedensten Wuchsformen.

Die Art wird von KAUTSKY (1925) und ANDERSON (1959) schon aus dem Oligozän von Norddeutschland beschrieben und ist bis rezent ziemlich allgemein verbreitet. In Österreich war sie bisher nur aus dem Tortonien nachgewiesen worden.

Maße: Länge: 16 mm, Höhe 8 mm.

Pholas cf. *desmoulinsi* BENOIST 1876

1876 *Pholas desmoulinsi* — BENOIST, p. 320, Taf. 20, Fig. 11.
1909 *Pholas desmoulinsi* — COSSMANN & PEYROT, 63, p. 58, Taf. 1, Fig. 42—51, Taf. 2, Fig. 35.

1928 *Pholas desmoulinsi* — RUTSCH, p. 118, Taf. 6, Fig. 17.
1952 *Pholas desmoulinsi* — HAGN & HOELZL, p. 63.
1958 *Pholas desmoulinsi* — HOELZL, p. 167, Taf. 16, Fig. 4.

Es liegen nur Fragmente der stark verlängerten Hinterseite vor, die wohl die wellenförmigen Zuwachsstreifen zeigen, aber keinerlei Rippung.

Bemerkungen: Als nächststehende Form ist *Pholas dactylus muricata* zu betrachten, welche SCHAFFER (1910) aus den Schichten von Loibersdorf bei Eggenburg, Niederösterreich, anführt. Sie ist nur durch die fast bis nach hinten reichenden Rippen ein wenig unterschieden. DOLLFUS & DAUTZENBERG (1902) stellen ihre Exemplare auch zu *Ph. dactylus muricata*, der jetzt lebenden Form, doch ist dies nicht mit Sicherheit zu entscheiden, da sie nur Schalenvorderteile abbilden. Auch FRIEDBERG (1934) stellt Bruchstücke der Schalenvorderseite zu *Ph. dactylus muricata*.

Nach COSSMANN & PEYROT (1909) tritt *Ph. desmoulinsi* in der Aquitaine nur im Aquitanien und Burdigalien auf. RUTSCH (1928) beschreibt sie aus dem Helvetien, welche Angabe auch HOELZL (1958) bestätigt.

Thracia (Cyathodonta) pubescens (PULTENEY 1799)
Taf. III, Fig. 5

1799 *Mya pubescens* — PULTENEY, p. 27.
1901 *Thracia pubescens* — SACCO, 29, p. 134, Taf. 27, Fig. 7—9.
1909 *Thracia pubescens* — CERULLI-IRELLI, p. 186, Taf. 22, Fig. 1, 2.
1909 *Thracia (Cyathodonta) pubescens* — COSSMANN & PEYROT, 63, p. 47.
1910 *Thracia pubescens* — SCHAFFER, 1, p. 104 Taf. 47, Fig. 11.
1955 *Thracia (Cythodonta) pubescens* SIEBER, p. 189.
1957 *Thracia (Cythodonta) pubescens* — ZBYSZEWSKI, p. 150.
1958 *Thracia (Cythodonta) pubescens* — HOELZL, p. 169, Taf. 47, Fig. 11.
1960 *Thracia (Cythodonta) pubescens* — SENEŠ, p. 106.
1962 *Thracia (Cythodonta) pubescens* — HOELZL, p. 128, Taf. 8, Fig. 1.

Bemerkungen: Das einzige vollständige Exemplar ist zwar in den Dimensionen etwas kleiner, doch nach einem Vergleich mit den von SCHAFFER (1910) beschriebenen Exemplaren aus der Brunnstube bei Eggenburg, Niederösterreich, und den Exemplaren aus den Vorkommen in der bayerischen Molasse (HOELZL 1958) muß es zu dieser Art gestellt werden, wogegen DOLLFUS & DAUTZENBERG (1902) unter dem Namen *Thracia pubescens* eine Form abbilden, die durch ihre kräftigen, konzentrisch angeordneten Falten mehr *Thracia dollfusi* (siehe RUTSCH 1928) nahesteht. Auch die von HILBER (1879) mit den Eggenburger Formen verglichene *Thracia convexa* SOW. steht *Th. dollfusi* näher als *Th. pubescens*.

Maße: Länge: 44 mm, Höhe: 28 mm.

SCAPHOPODA
Dentaliidae

Dentalium (Antale) kickxi transiens nov. subspec.
Taf. X, Fig. 3 a, b

Diagnose: Eine neue Unterart der Art: *Dentalium (Antale) kickxi* NYST 1843 mit folgenden Besonderheiten: Die schwach gebogene Schale mit 14—15 Hauptrippen, die gefurcht sind, und ebensoviel dazwischengeschalteten Nebenrippen versehen. Gegen die meist ovale, aperturale Öffnung hin verflachen die Rippen, und die Schale wird nur durch die konzentrischen Anwachsstreifen untergliedert.

Arttypus: Paläontologisches Institut der Universität Wien, Inv. Nr. 1663.

Locus typicus: Dornergraben bei Fels am Wagram, Niederösterreich.

Stratum typicum: Burdigalien.

Derivatio nominis: transiens = lat. übergehend (da die Form zwischen *D. kickxi* und *D. badense* vermittelt).

Beschreibung: Die schwach gebogene Schale wird gegen die aperturale Öffnung hin ganz gerade und ist mit 14—15 gefurchten Hauptrippen und ebensovielen dazwischenliegenden Nebenrippen verziert. Gegen die Mundöffnung zu verflachen die Rippen, und bei durchschnittlich 5 cm hört die Längsskulptur auf. Von hier an ist die Schale nur durch die Anwachsstreifen untergliedert. Die Mündung ist oval und scharfrandig. Die Schale besitzt einen kurzen breiten Schlitz, der bei den adulten Tieren meist völlig zugewachsen ist.

Bemerkungen: Erst nach genauen Vergleichen mit oberoligozänem Material von *Dentalium kickxi* aus Rumeln (Niederrhein) konnten die engeren Beziehungen, die unsere Form mit *D. kickxi* besitzt, als mit *D. badense* deutlich erkannt werden. Sie wird von *D. kickxi* durch die von Beginn an gefurchten Hauptrippen und die sehr regelmäßig dazwischengeschalteten Nebenrippen unterschieden, die auch geschlossener und enger aneinanderstehen und flacher ausgebildet sind. Auch ist die Mündungsform bei sämtlichen Exemplaren oval, der Schlitz kurz und eng. Die Beziehungen zum *D. badense* ergeben sich besonders in der Berippung, da die oft sehr stark gefurchten Hauptrippen und die Nebenrippen gleich aussehen und so die vermehrte Rippenzahl, wie sie bei *D. badense* vorliegt, vortäuschen. Auch der kurze und schmale Schlitz erinnert an *D. badense*. Deutliche Unterschiede zeigen sich aber in der flacheren und enger aneinanderliegenden Berippung sowie in der schwächeren und ovalen Form der Schale.

Nach SEIFERT (1959), p. 32, Abb. 6, ist *D. badense* von *D. kickxi* herzuleiten, doch konnte die plötzlich so stark vermehrte Rippenzahl bei *D. badense* nicht eindeutig erklärt werden. Die neue Form aus Fels am Wagram zeigt den Weg dieser Rippenvermehrung: durch Aufspaltung der Hauptrippen in zwei gleichwertige Längsrippen und Einschaltung von Nebenrippen.

Dentalium kickxi ist bisher nur bis ins Chattien nachgewiesen worden. Aus dem österreichischen Burdigalien waren Scaphopoden bisher überhaupt nicht bekannt.

Maße: Länge: 66 mm, apikaler Durchmesser: 3 mm, aperturaler Durchmesser: 10 mm.

GASTROPODA

Haliotis (Haliotis) sp.

Taf. XII, Fig. 1 a, b

Zwei kleine, im Gehäuseumriß ovale, niedere Formen, die sehr schlecht erhalten sind und dadurch keine artspezifische Bestimmung zulassen. Es könnte sich nach ihrer Gesamtform um die von COSSMANN & PEYROT (1916), 69, p. 68, Taf. 3, Fig. 7—9, aus dem Aquitanien Westfrankreichs neu beschriebene *H. benoisti* handeln, doch ist ihre kennzeichnende Skulptur bei unseren Exemplaren nicht erhalten.

Maße: Höhe: 1,2 mm, Durchmesser: 3,5 mm.

Emarginula (Emarginula) dujardini DOLLFUS & DAUTZENBERG 1886

1886 *Emarginula dujardini* — DOLLFUS & DAUTZENBERG, p. 142.
1886 ? *Emarginula squamata* — DOLLFUS & DAUTZENBERG, p. 142.
1949 *Emarginula dujardini* — GLIBERT, 1, p. 20, Taf. 1, Fig. 7.

Die kleine Schale ist sehr flach, mützenförmig, der erhobene Apex etwas aus der Mitte nach hinten gerückt und wenig eingekrümmt. Die Basis von oval-elliptisch verlängertem Umriß, hinten etwas breiter als vorne. Vorderseite gut konvex gewölbt, die Rückseite gerade abfallend. Die Oberfläche durch 22—24 starke, rundliche Primärrippen verziert und zwischen jedem Primärrippenpaar eine fadenförmige Sekundärrippe. Diese werden von den konzentrischen Anwachsstreifen gekreuzt, wodurch eine rechteckige Gitterung und auf den Primärrippen Knötchen entstehen. Das Schlitzband ist lang schmal und bis über $2/_3$ durch Kalklamellen verkleidet. Die Innenfläche glatt, der Rand fein gekerbt.

Bemerkungen: Diese aus dem Helvetien des Loire-Beckens beschriebene Form dürfte *E. squamata* GRATELOUP, wie sie von COSSMANN & PEYROT (1916) aus dem Aquitanien und Burdigalien beschrieben wird, sehr nahe stehen. Doch unterscheidet sich *E. dujardini* durch ihre Größe, die stärkeren Rippen, die längere Hinterseite und die Krümmung der Vorder- und Rückseite.

Maße: Höhe: 4 mm, Durchmesser: A. P.: 10,2 mm, Transversal: 7,5 mm.

Emarginula (Emarginula) reticulata SOWERBY 1813

1813 *Emarginula reticulata* — SOWERBY, 1, Taf. 33, Fig. 3—4.
1843 *Emarginula fissura* — NYST, p. 350, Taf. 35, Fig. 6.
1886 *Emarginula fissura* — DOLLFUS & DAUTZENBERG, p. 142.
1897 *Emarginula fissura* — SACCO, 22, p. 13, Taf. 2, Fig. 1.
1949 *Emarginula reticulata* — GLIBERT, 1, p. 15, Taf. 1, Fig. 2.

Das mittelmäßig große Gehäuse hoch, kegel-, mützenförmig von eiförmigen Umriß. Der Apex und das Embryonalgewinde erhoben, mehr im Mittel der Schale und leicht zurückgebogen. Das Schlitzband sehr schmal und tief, etwas mehr als $1/_3$ offen. Die Vorderseite gleichmäßig konvex geschwungen, die Rückseite konkav ausgehöhlt. Die Oberfläche ist mit etwa 18 starken Radialrippen bedeckt, zwischen jedem Paar dieser Primärrippen verläuft eine schwächere Sekundärrippe. Diese werden von einer Anzahl von konzentrischen Anwachsstreifen gekreuzt, wodurch eine Gitterung entsteht und auf den Rippen Knötchen auftreten. Unter dem Binokular sind zwischen den Primär- und Sekundärrippen noch weitere zwei bis drei radial verlaufende fadenartige Rippchen zu erkennen, die wiederum von ebensofeinen Anwachsstreifen gegittert werden. Die Innenfläche glatt, der Rand leicht gezähnelt.

Bemerkungen: Die bisher nur ab dem Helvetien bekannte Form liegt aus Fels' am Wagram in so typischen Exemplaren vor, daß man ihr Auftreten ab dem Burdigalien annehmen muß. Aus dem österreichischen Burdigalien waren bisher überhaupt keine *Fissurellidae* bekannt.

Maße: Höhe: 5,2 mm, Durchmesser: A. P.: 8,7 mm, Transversal: 6 mm.

Patella (Patella) pseudofissurella SCHAFFER 1912

1912 *Patella pseudofissurella* — SCHAFFER, 2, p. 179, Taf. 57, Fig. 32—36.
1958 *Patella (Patella) pseudofissurella* — SIEBER, p. 126.

Bemerkungen: Die von SCHAFFER (1912) sehr aufgesplitterte Gruppe der burdigalen Patellen aus den Sanden von Roggendorf bei Eggenburg, Niederösterreich, bedarf sicherlich einer Neubearbeitung. In Fels am Wagram sind gerade die Patellen nur sehr spärlich vertreten und daher kann hier nicht näher darauf eingegangen werden.

Maße: Höhe: 4 mm, Durchmesser: A. P.: 16 mm, Transversal: 8 mm.

Calliostoma (Ampullotrochus) laureatum MAYER 1874
Taf. XII, Fig. 2

1874 *Trochus laureatus* — MAYER, 10, p. 312, Taf. 11, Fig. 7.
1882 *Trochus millegranus* var. *praecedens* — KOENEN, 2, p. 308.
1896 *Calliostoma (Ampullotrochus) granulatus laureata* — SACCO, 21, p. 42, Taf. 4, Fig. 34.
1925 *Calliostoma (Ampullotrochus) granulatus* BORN. var. *laureata* — KAUTSKY, p. 55, Taf. 5, Fig. 14.
1952 *Calliostoma (Ampullotrochus) laureatum* — GLIBERT, p. 8, Taf. 1, Fig. 4.
1959 *Calliostoma (Ampullotrochus) laureatum* — ANDERSON, p. 54.

Die relativ kleinen Gehäuse werden von sechs mäßig konvexen Windungen aufgebaut. Die Embryonalumgänge sind glatt, glänzend und stärker konvex, die folgenden mit bis zu vier oder fünf Spiralreifen verziert, die nochmals zu je zwei weiteren aufgespalten sein können. Diese beiden liegen dann eng beisammen, während die primären durch eine weitere, tiefe Rille getrennt werden. Über der ritzenförmigen Sutur tritt bei jedem Umgang ein aus zwei oder drei Reifen aufgebauter, gekörnelter Spiralwulst hervor. Diese Körnelung greift auch manchmal auf die übrigen Spiralreifen über. Basalfläche flach bis mittelmäßig gewölbt, durch 8—12 Reifen verziert. Der Nabel fast gänzlich geschlossen. Die Mündung temnostom, rechteckig, Außen- und Basalrand scharfrandig, der Columellarrand leicht umgeschlagen.

Bemerkungen: Die von GLIBERT (1952) abgeblideten Exemplare aus dem Houthaelen und Anversien Belgiens sowie das Exemplar von KAUTSKY (1925) unterscheiden sich nur durch die etwas größeren Gehäuse von den burdigalen aus Fels am Wagram. *Call. (Ampullotrochus) tournoueri*, der von COSSMANN & PEYROT (1917) aus dem Tortonien der Aquitaine beschrieben wurde, steht unserer Form sehr nahe. Nur durch sein schlankeres Gewinde und durch seine leicht konkaven Windungen ist er zu unterscheiden. *Call. millegranum*, mit dem *Call. (Ampullotrochus) lauretum* oftmals verwechselt wurde, wird von GLIBERT (1952, p. 9) ausführlich beschrieben, und die unterscheidenden Merkmale werden dargelegt.

Maße: Höhe: 6 mm, Durchmesser: 4,8 mm.

Gibbula (Colliculus) cf. *biangulata porella* (GREGORIO 1885)

1856 *Trochus biangulatus* — HOERNES, M., 3, p. 460, Taf. 45, Fig. 15.
1885 *Trochus porellus* — de GREGORIO, p. 332.
1896 *Phorculellus biangulatus* var. *porella* — SACCO, 21, p. 37, Taf. 4, Fig. 14.
1916 *Gibbula (Colliculus) biangulata* — COSSMANN & PEYROT, 69, p. 124, Taf. 4, Fig. 20—22.
1958 *Gibbula (Colliculus) biangulata porella* — SIEBER, p. 127.

Ein kleines Gehäuse, hochgewunden, aus 5 stufenförmig abgesetzten Umgängen aufgebaut. Die Palatalwand bildet eine Schulter, biegt dann an einem stumpfen, starken Spiralreifen senkrecht um, ist leicht konkav eingedellt und wird gegen die Basalwand wieder durch einen etwas stärker ausgeprägten Spiralreifen abgegrenzt. Die Basis ist konvex, der Nabel schmal und tief. Die Mündung temnostom, rechteckig, etwas schief nach außen. Die Oberfläche korrodiert und völlig glatt.

Bemerkungen: Da die Exemplare aus Fels am Wagram durchwegs eine glatte Oberfläche zeigen, die aber sicherlich durch Korrosion zu erklären ist, die hier bei den Kleinformen eine wesentliche Rolle spielt, konnten sie nicht als gesichert zu *Gibbula (Colliculus) biangulata porella* gestellt werden. Auf die von der Art *G. (C.) biangulata* trennenden

Merkmale haben schon FRIEDBERG (1928) und CSEPREGHY-MEZNERICS (1954) hingewiesen. Auch unsere Exemplare besitzen ein ziemlich hohes Gewinde und besonders stark treten die beiden Spiralreifen hervor. Sehr nahe steht dieser Form *G. (C.) sexangularis* SANDBERGER aus Weinheim, doch ist sie beträchtlich höher und weit enger genabelt.

Aus Westfrankreich vom Aquitanien bis zum Helvetien, aus Italien im Elvetiano (der Colli torinesi) bis zum Tortoniano, aus Österreich selten im Tortonien und aus dem Miozän Polens beschrieben.

Maße: Höhe: 7 mm, Durchmesser: 7,6 mm.

Diloma (Oxystele) amedei (BRONGNIART 1823)

1823 *Turbo amedei* — BRONGNIART, p. 53, Taf. 6, Fig. 2.
1856 *Trochus patulus* — HOERNES, M., 3, p. 458, Taf. 55, Fig. 14.
1896 *Oxystele amedei* — SACCO, 21, p. 26, Taf. 3, Fig. 20.
1900 *Trochus patulus* — KOCH, 2, p. 125, Nr. 530.
1912 *Trochus (Oxystele) Amedei* — SCHAFFER, 2, p. 171, Taf. 54, Fig. 36—39.
1946 *Diloma (Oxystele) amedei* — SIEBER, p. 108.
1958 *Diloma (Oxystele) amedei* — HOELZL, p. 174, Taf. 17, Fig. 2.
1958 *Diloma (Oxystele) amedei* — SIEBER, p. 127.
1929 *Oxystele* cf. *amedei* — ČTYROKY, p. 72.

Das mittelgroße Gehäuse von flach-kegelförmiger Gestalt wird von sechs flachkonvexen Umgängen aufgebaut, die durch deutliche Suturen voneinander abgetrennt werden. Die letzte Windung macht fast zwei Drittel der Gesamthöhe aus. Die Anfangswindungen sind glatt, die folgenden mit starken Spiralreifen verziert, die von fein, fadenartigen Zuwachsstreifen übersetzt werden. Die Unterseite ist flach bis leicht ausgehöhlt, der Nabel durch eine große Schwiele völlig verdeckt. Die Mündung scharfrandig, temnostom, der Basalrand gerundet. Auch die Unterseite der letzten Windung zeigt die Spiralskulptur.

Bemerkungen: Die aus dem österreichischen Burdigalien und Tortonien bekannte Form, liegt auch aus dem oberbayerischen Burdigalien und dem Elvetiano von Italien vor. Die in der Aquitaine im Burdigalien auftretende Form wurde von COSSMANN & PEYROT (1919) als *Oxystele burdigalensis* ausgeschieden, kommt aber *D. (O.) amedei* sehr nahe und ist fast nicht zu unterscheiden. Sie scheint nach den Abbildungen noch flacher als *D. (O.) amedei* zu sein. Durch die Fossilisation bedingt ist bei den meisten aus Fels am Wagram stammenden Exemplaren die Nabelschwiele herausgefallen und der tiefe, große, kegelförmige Nabel liegt frei. Auch zeigen sich hier am deutlichsten Deformationserscheinungen, die auf Sedimentsackungen zurückzuführen sein dürften.

Maße: Höhe: 10 mm, Durchmesser: 16 mm.

Phasianella (Tricolia) cf. *millepunctata* BENOIST 1833
Taf. XII, Fig. 7

1873 *Phasianella millepunctata* — BENOIST, p. 128, Nr. 384.
1886 *Phasianella (Tricolia) pullus* var. *aquensis* — DOLLFUS & DAUTZENBERG, p. 141.
1919 *Phasianella (Tricolia) millepunctata* — COSSMANN & PEYROT, 69, p. 192, Taf. 4, Fig. 20—23.
1949 *Tricolia millepuctata* — GLIBERT, p. 78, Taf. 4, Fig. 16.

Bei den kleinen, zartschaligen Gehäusen aus Fels am Wagram ist die oberste Schalenschichte korrodiert, und es fehlen daher die namengebenden, meist bräunlichen Pünktchen. Von den fünf mäßig konkaven Umgängen ist der letzte wesentlich größer und höher, auch etwas bauchiger. Die Mündung ist oval, temnostom, die Außenlippe manchmal etwas verdickt, die Innenlippe oft umgeschlagen, doch bleibt ein Nabelschlitz immer sichtbar. Zwischen dem Palatalrand und dem Columellarrand schaltet sich oft ein neues Zwischenstück ein.

Bemerkungen: Die offene Namensgebung ist hier durch den schlechten Erhaltungszustand der Form bedingt, wodurch einige wesentliche Merkmale, wie Sutur, Konvexität der Umgänge und Schalenskulptur fast völlig verwischt wurden. Die Zuordnung zur Art *Ph. (T.) millepunctata* scheint aber durch die Mündungsform, den charakteristischen Nabelschlitz und die gleiche Windungszahl gerechtfertigt. *Ph. (T.) spirata*, eine der nächst verwandten Typen, ist durch ihr höheres, gerades Gehäuse und den verschlossenen Nabelschlitz wesentlich unterschieden. *Ph. (T.) millepunctata* wurde bisher nur aus dem Helvetien von Westfrankreich und dem Loire-Becken bekannt.

Maße: Höhe: 4,2 mm, Durchmesser: 2,3 mm.

Phasianella (Tricolia) dollfusi COSSMANN & PEYROT 1919
Taf. XII, Fig. 5

1919 *Phasianella (Steganomphalus) dollfusi* — COSSMANN & PEYROT, 69, p. 195, Taf. 6, Fig. 24—28.

Eine kleine, dünnschalige Form, die von drei konvexen, rasch zunehmenden Windungen aufgebaut wird. Besonders globulös und bauchig ist die letzte Windung, die auch die Größe des Gehäuses ausmacht. Die einzelnen Umgänge werden durch eine scharfe, lineare Sutur geschieden. Die Oberfläche der Schale völlig glatt. Die Mündung oval, temnostom, Außenlippe scharfrandig, Innenlippe leicht verdickt und umgeschlagen, aber einen immer deutlich erkennbaren Nabelschlitz offen lassend.

Bemerkungen: Die im Wiener Becken vorkommende Art *Ph. (T.) eichwaldi* unterscheidet sich durch ihr schlankeres hochgetürmtes Gehäuse und eine knapp unterhalb der Sutur ausgeprägte Schulterbildung. Im Aquitanien von Westfrankreich steht *Ph. (T.) dollfusi, Ph. (T.) aquensis* noch sehr nahe, doch findet sich bei ihr niemals ein offener Nabelschlitz, ebenso bei *Ph. (T.) pulla*. COSSMANN & PEYROT (1919) beschrieben diese Art aus dem Aquitanien.

Maße: Höhe: 3,3 mm, Durchmesser: 2 mm.

Pyramidella (Pyramidella) plicosa BRONN 1838
Taf. XII, Fig. 4

1838 *Pyramidella plicosa* — BRONN, 2, p. 1026, Taf. 40, Fig. 24.
1840 *Pyramidella terebellata* var. *eburnea* — GRATELOUP, Taf. 11, Fig. 8.
1853 *Pyramidella plicosa* — Eichwald, p. 263.
1856 *Pyramidella plicosa* — HOERNES, M., 3, p. 492, Taf. 46, Fig. 20.
1882 *Pyramidella plicosa* — KOENEN, 2, p. 239, Taf. 6, Fig. 15.
1892 *Pyramidella plicosa* var. *sublaeviuscula* — SACCO, 11, p. 28, Taf. 1, Fig. 55.
1892 *Pyramidella plicosa* — SACCO, 11, p. 28, Taf. 1, Fig. 53.
1917 *Pyramidella plicosa* — COSSMANN & PEYROT, 69, p. 299, Taf. 9, Fig. 8—9.
1925 *Pyramidella plicosa* — KAUTSKY, p. 72.
1928 *Pyramidella plicosa* — FRIEDBERG, 1, p. 442, Taf. 27, Fig. 7.
1944 *Pyramidella plicosa* — VOORTHUYSEN, p. 39, Taf. 13, Fig. 18, 20.
1949 *Pyramidella plicosa* — GLIBERT, p. 197, Taf. 12, Fig. 11.
1952 *Pyramidella (Pyramidella) plicosa* — GLIBERT, p. 62, Taf. 4, Fig. 17.

Das aus etwa 10 glatten, fast geraden Windungen bestehende Gehäuse ist kegelturmförmig aufgewunden. Die einzelnen Umgänge sind ziemlich gleich, durch eine lineare Sutur getrennt, der letzte größer und etwas bauchiger. Die Mündung ist hemistom, die Außenlippe scharfrandig und gerade, mit dem geraden Basalrand einen stumpfen Winkel einschließend. Auf der Columella setzt oben eine scharfe, große Falte, darunter 2 stumpfe, weniger deutliche, die stark schräg nach unten verlaufen.

Bemerkungen: Die sehr nahestehende *P. unisulcata* besitzt eine deutliche Rille auf den Umgängen, auch ist die letzte Windung bei *P. plicosa* wesentlich höher. Nahezu ident scheint *P. grateloupi*, doch stehen hier die beiden unteren Spindelfalten nicht so schräg gegen die große obere Falte, und ferner besitzt sie eine rundliche Mündung, deren Basalrand leicht umgeschlagen ist. Die von SACCO (1892) als var. *sublaeviuscula* abgeschiedene Form tritt auch in Fels am Wagram unter den typischen Exemplaren auf.

P. plicosa findet sich im Burdigalien SW-Frankreichs, im Anversien Belgiens, im Elvetiano und Tortoniano Italiens, in Polen und im „Tortonien" des Wiener Beckens.

Maße: Höhe: 7,8 mm, Durchmesser: 2,9 mm.

Eulimella hoernesi KOENEN 1882
Taf. XII, Fig. 6

1882 *Turbonilla Hoernesi* — KOENEN, 2, p. 263, Taf. 6, Fig. 1.
1925 *Eulimella Hoernesi* — KAUTSKY, p. 74, Taf. 6, Fig. 29.
1952 *Eulimella hoernesi* — GLIBERT, 2, p. 57, Taf. 4, Fig. 8.

Eine Schale mit schlankem, hohem Gewinde auf 11 gleichmäßigen, glatten, geraden Umgängen gebildet, die nur gegen die schiefliegenden, etwas vertieften Nähte gewölbt einbiegen. Der letzte Umgang ist größer, bauchig und fällt steil, aber gleichmäßig gewölbt zur Basis ab. Die Mündung hemistom quadratisch, Außenlippe gerade und scharf gegen den Basalrand umgebogen. Die Spindel mit einer schiefliegenden, ziemlich kräftigen Falte.

Bemerkungen: Von *E. neumayeri* durch ihre Größe, die viel zahlreicheren, mehr geraden Windungen und die vergrößerte letzte Windung unterschieden.

Bisher aus dem Untermiozän von Norddeutschland, aus der Stufe von Hemmoor, dem Houthaelen und Anversien Belgiens und dem französischen Burdigalien bekannt.

Maße: Höhe: 11,3 mm, Durchmesser: 2,7 mm.

Turbonilla (Sulcoturbonilla) spiculoides COSSMANN & PEYROT 1916
Taf. XII, Fig. 8

1916 *Turbonilla spiculoides* — COSSMANN & PEYROT, 70, p. 353, Taf. 9, Fig. 89—99.

Das hochgewundene, sehr schlanke Gehäuse besteht aus 11 konvexen Umgängen. Die ersten glatt, die folgenden mit leicht durchgeschwungenen starken Axialrippen versehen. Die Mündung wie bei *T. (S.) costellata*.

Bemerkungen: Durch ihr schlankes, hochgewundenes Gehäuse wohl von *T. (S.) costellata* unterschieden, tritt sie in SW-Frankreich im Aquitanien und Burdigalien auf.

Maße: Höhe: 5,7 mm, Durchmesser: 1 mm.

Turbonilla (Sulcoturbonilla) costellata (GRATELOUP 1827)
Taf. XII, Fig. 9

1827 *Auricula costellata* — GRATELOUP, p. 107, Nr. 79.
1837 *Tornatella costellata* — DUJARDIN, p. 282, Taf. 19, Fig. 25.
1840 *Actaeon costellata* — GRATELOUP, Taf. 11, Fig. 69—70.
1853 *Tornatella turricula* — EICHWALD, p. 262, Taf. 10, Fig. 2.

1856 *Turbonilla turricula* — HOERNES, M., 3, p. 501, Taf. 43, Fig. 31.
1916 *Turbonilla costellata* — COSSMANN & PEYROT, 70, p. 349, Taf. 9, Fig. 68—70, 79—81.
1928 *Turbonilla (Sulcoturbonilla) turricula* — FRIEDBERG, 1, p. 454, Taf. 28, Fig. 6.
1958 *Turbonilla (Sulcoturbonilla) costellata* — SIEBER, p. 130.

Das kleine, dünnschalige Gehäuse hoch aufgewunden, mit 10 restlichen Umgängen, die mehr oder weniger konvex sind. Die ersten Windungen glatt, die folgenden mit geraden bis leicht bogigen, starken Axialrippen verziert, die am letzten Umgang durch eine Spiralskulptur abgeschnitten werden. Mündung temnostom, halbelliptisch, leicht schief, Basalrand gerundet, Innenrand manchmal beim Nabel leicht umgeschlagen, mit schwacher Collumelarfalte.

Bemerkungen: COSSMANN & PEYROT (1916) trennen von *T. (S.) costellata* eine ganze Reihe neuer Arten ab, die sich aber nur schwer unterscheiden lassen. Auch stellen sie die Form, welche HOERNES (1856) aus dem Wiener Becken als *T. (S.) pseudocostellata* beschreibt, aus der Art heraus. Unter dieser Fülle von neuen Formen sind nur wenige mit Sicherheit abzutrennen; die anderen fallen bei diesen diffizilen Unterschieden in die Variationsbreite von *T. (S.) costellata*.

In SW-Frankreich findet sich diese Form hauptsächlich im Aquitanien und Burdigalien.

Maße: Höhe: 8 mm, Durchmesser: 2 mm.

Niso terebellum postburdigalensis SACCO 1892
Taf. XII, Fig. 14

1852 *Niso Burdigalensis* — D'ORBIGNY, 3, p. 34, Nr. 486.
1892 *Niso terebellum* var. *postburdigalensis* — SACCO, 11, p. 22, Taf. 11, Fig. 43.
1917/18 *Niso Burdigalensis* — COSSMANN & PEYROT, 69, p. 288, Taf. 8, Fig. 74—76.
1952 *Niso terebellum* CHEMNITZ
    b) Forma *postburdigalensis* — GLIBERT, 2, p. 53, Taf. 4, Fig. 5 b.

Dünnschalig, klein, aus 12 flachen, glatten, geraden Umgängen, die von einer rillenartigen Sutur getrennt werden, bestehend. Die Schlußwindung größer und ausgeweitet, durch einen stumpfen, deutlichen Kiel gegen die flachgewölbte Gehäusebasis abgesetzt. Der Nabel weit, trichterförmig. Die Mündung fehlte bei unseren Exemplaren.

Bemerkungen: Die beiden von SACCO vorgeschlagenen Typen *N. t. acarinatocincta* und *N. t. postburdigalensis* sind leicht durch die Form des Gehäuses, der Windungen und den Bau der Schlußwindung auseinanderzuhalten.

Bisher aus dem Burdigalien SW-Frankreichs und Oberbayerns, aus dem italienischen Miozän und dem Anversien Belgiens bekannt.

Maße: Höhe: 8 mm, Durchmesser: 3,7 mm.

Alvania (Alvania) venus (D'ORBIGNY 1852)
Taf. XIII, Fig. 1

1825 *Rissoa cimex* var. b. — BASTEROT, p. 37.
1838 *Rissoa cimex* — GRATELOUP, 10, p. 206, Taf. 5, Fig. 55—56.
1840 *Rissoa cimex* — GRATELOUP, Taf. 4, Fig. 55—56 (tantum).
1852 *Rissoa venus* — D'ORBIGNY, 3, p. 28, Nr. 364.
1886 *Rissoa (Alvania) venus* — DOLLFUS & DAUTENBERG, p. 139.
1895 *Acinopsis venus* — SACCO, 28, p. 27.
1918 *Alvania venus* — COSSMANN & PEYROT, 70, p. 385, Taf. 17, Fig. 23—24.
1949 *Alvania venus* — GLIBERT, p. 104, Taf. 6, Fig. 1 a, b.

Die kleine, festschalige Form besteht aus 6 wenig konvexen Windungen, die durch scharfe Suturen getrennt werden. Die beiden Embrionalwindungen sind völlig glatt, die folgenden mit starken Spiralreifen und Längsrippen verziert, die ein starkes Gitterwerk und an den Kreuzungspunkten Knoten bilden. In gewissen Abständen sind auch noch die stehengebliebenen verdickten Varices deutlich ausgeprägt. Die Mundöffnung ist holostom, oval, die Außenlippe verdickt.

Bemerkungen: Die in der Aquitaine vom Aquitanien bis ins Helvetien bekannte Form wird auch im Torton des Wiener Beckens angegeben. Doch wird diese Form infolge ihrer Spiralreifen auf dem vorletzten Umgang (3 bei *A. venus*) als *A. (A.) venus danubiensis* unterschieden und als solche von MEZNERICS (1933, 1956) und FRIEDBERG (1923) beschrieben, wozu auch jene *Rissoa Venus*, die HOERNES (1856) abbildet und beschreibt, gestellt werden muß. Die Form aus Fels am Wagram besitzt aber nur 3 Spiralreifen am vorletzten Umgang und muß daher zu *A. venus* gerechnet werden.

Maße: Höhe: 4,3 mm, Durchmesser: 2,4 mm.

Alvania (Alvania) montagui ampulla (EICHWALD 1853)

Taf. XIII, Fig. 2

1853 *Rissoa ampulla* — EICHWALD, p. 274, Taf. 10, Fig. 16.
1856 *Rissoa montagui* — HOERNES, M., 3, p. 569, Taf. 48, Fig. 13.
1895 *Alvania montagui miocaenica* — SACCO, 18, p. 23.
1910 *Alvania ampulla* — VETTERS, p. 157, Nr. 221.
1923 *Alvania montagui* var. *ampulla* — FRIEDBERG, 1, p. 377, Taf. 22, Fig. 12.
1933 *Alvania miocaenica* — MEZNERICS, p. 330, Taf. 13, Fig. 2 a, b.
1958 *Alvania (Alvania) montagui miocenica* — SIEBER, p. 133.
1958 *Alvania (Alvania) montagui ampulla* — SIEBER, p. 133.

Das kleine, feste Gehäuse wird aus 5 schwach konvexen, fast flachen Umgängen aufgebaut, die durch eine seichte Sutur gut voneinander abgesetzt sind. Die ersten beiden Windungen sind glatt, die folgenden mit einer von Umgang zu Umgang zunehmenden Zahl von rundlichen, engstehenden Axialrippen und darüber hinweglaufenden Spiralreifen verziert. Diese bilden auf den Rippen Knötchen aus und eine weniger deutliche Gitterung. An der konvexen Basis fallen die Axialrippen fast völlig aus, und es treten 5—6 Spiralreifen auf. Die Mündung ist holostom, schmal, oval, oben spitz; der Außenrand scharf, außen durch einen Wulst verdickt; der Innenrand schmiegt sich als dünne Kalklamelle an den vorletzten Umgang. Das Innere des Außenrandes ist fein gestreift.

Bemerkungen: Von der hauptsächlich rezent verbreiteten *A. montagui* durch das schlankere Gehäuse, die enger stehenden und vermehrten Axialrippen und die schmal ovale Mündung unterschieden. Mit *A. venus* besitzt *A. m. ampulla* durch die Form des Gehäuses große Ähnlichkeit. Doch zeigt *A. venus* eine weite, sehr deutliche und regelmäßige Gitterung, da hier die Axialrippen und Spiralreifen fast gleich stark ausgebildet sind. Die Unterschiede gegenüber der rezenten *A. montagui* zeigt schon HOERNES (1856) auf und erwähnt p. 569, daß er von EICHWALD Exemplare aus Volhynien unter dem Namen *Rissoa ampullacea* erhalten habe, die den Wiener Exemplaren völlig glichen. SACCO (1896) stellt für die Form aus dem Wiener Becken unter Berufung auf die Beschreibung und Abbildung bei HOERNES (1856) eine neue Variation auf: *A. montagui* var. *miocenica*. Diese ist aber einzuziehen, da die von EICHWALD (1853) beschriebene Form die Priorität besitzt (siehe VETTERS 1910 und FRIEDBERG 1923). Von der Übereinstimmung der aus Polen stammenden Formen EICHWALD's mit den Exemplaren aus dem Helvetien und Tortonien des Wiener Beckens konnte ich mich in den Sammlungen des Naturhistorischen Museums in Wien überzeugen.

Maße: Höhe: 3,3 mm, Durchmesser: 2 mm.

Tornus (Tornus) trigonostoma (BASTEROT) 1825
Taf. XII, Fig. 3 a, b

1825 *Delphinula trigonostoma* — BASTEROT, p. 28, Taf. 4, Fig. 10.
1840 *Delphinula trigonostoma* — GRATELOUP, Taf. 12, Fig. 24—26.
1843 *Trochus trigonostomus* — NYST, p. 385, Taf. 35, Fig. 23.
1918 *Tornus trigonostoma* — COSSMANN & PEYROT, 69, p. 234, Taf. 7, Fig. 47—49.
1949 *Aderobis trigonostoma* — GLIBERT, p. 112, Taf. 6, Fig. 13.
1960 *Tornus (Tornus) trigonostoma* — ANDERSON, p. 31, Taf. 4, Fig. 4 a—b.

Das niedrige, dünnschalige Gehäuse besteht aus vier flachen, rasch größer werdenden Umgängen, bei denen der letzte die eigentliche Größe der Form ausmacht. Getrennt durch eine lineare, deutliche Sutur, der entlang in einem Abstand ein deutlicher Kiel verläuft. Die Embryonalwindung glatt, die folgenden mit der den Zuwachslinien folgenden axialen Steifung. Unterseite mit weitem, offenem Nabel, einem Kiel und deutlich als Rippen stehengebliebenen Mundrändern. Mündung temnostom, Innenlippe gerade, am Kiel gegen den Basalrand umgeknickt. Außenlippe gleichmäßig durchgeschwungen in den Basalrand übergehend.

Bemerkungen: Diese in ihrer Gestalt sehr typische Form wird von COSSMANN & PEYROT (1918) von Westfrankreich aus dem Burdigalien beschrieben und von GLIBERT (1949) aus dem Helvetien des Loire-Beckens. Von ANDERSON (1959) una DITTMER aus der Hemmoorer-Stufe des Nordseebeckens erwähnt. Aus dem österreichischen Neogen war diese Form bisher noch nicht bekannt.

Maße: Höhe: 1 mm und 1,5 mm, Durchmesser: 2 mm und 3,3 mm.

Bittium (Bittium) benoisti COSSMANN & PEYROT 1924
Taf. XIII, Fig. 3

1873 *Cerithium spina* — BENOIST, p. 152, Nr. 479.
1910 *Bittium subclathratum* — VIGNAL, p. 160, Taf. 8, Fig. 20 (non D'ORB.).
1924 *Bittium Benoisti* COSSMANN & PEYROT, 73, p. 287, Taf. 7, Fig. 44—45.

Das kleine, dünnschalige Gehäuse hoch gewunden, aus restlichen 10 Umgängen bestehend. Die erhaltenen Anfangswindungen glatt und konvex. Die einzelnen Umgänge durch eine deutliche bandartige Sutur getrennt. Gitterornamentation mit 2 Spiralreifen und diese kreuzende Axialrippen beginnend. Diese beiden Reifen treten immer deutlicher hervor und wandern gegen das untere Drittel des Umganges, bilden dort eine Schulter, ober der sich neue Spiralreifen einfügen (insgesamt 5 Stück). Spindelornamentation aus Spiralreifen. Mündung, holostom, quadrangulär mit unregelmäßigen Varices, Basalrand leicht ausgebuchtet.

Bemerkungen: Der im Wiener Becken vorkommenden Form *B. (B.) spina* steht *B. (B.) benoisti* nahe, doch unterscheidet sie sich deutlich durch die enger gestellten Rippen, und daß sie auf jedem Umgang um einen Spiralreifen mehr besitzt als *B. benoisti*. *B. benoisti* wurde von COSSMANN & PEYROT (1924) aus dem Aquitanien von Westfrankreich beschrieben. Die Formen aus Fels am Wagram unterscheiden sich von den französischen Typen nur durch ihre geringere Größe.

Maße: Höhe: 4,5 mm, Durchmesser der Schlußwindung: 2,3 mm.

Cerithiopsis (Dizoniopsis) bilineata (HOERNES 1856)

Taf. XIII, Fig. 4

1856 *Cerithium bilineatum* — HOERNES, M., 3, p. 416, Taf. 42, Fig. 22.
1895 *Disoniopsis bilineata* — SACCO, 17, p. 67.
1908 *Cerithiopsis (Disoniopsis) bilineata* — KOBELT, 4, p. 118, Taf. 120, Fig. 14—15.
1910 *Cerithiopsis (Disoniopsis) bilineata* — VIGNAL, p. 184, Taf. 9, Fig. 43.
1914 *Cerithiopsis bilineata* — FRIEDBERG, 1, p. 308, Taf. 18, Fig. 17.
1921 *Cerithiopsis (Dizoniopsis) aquitaniensis* — COSSMANN & PEYROT, 73, p. 295, Taf. 7, Fig. 53—56.
1936 *Cerithiopsis (Dizoniopsis) bilineata* — SIEBER, p. 505, Taf. 25, Fig. B 2.
1958 *Cerithiopsis (Dizoniopsis) bilineata* — SIEBER, p. 137.

Bemerkungen: Die große Variationsbreite der Gehäuseform und der Knotenreihen betont schon HOERNES (1856). VIGNAL (1910) stellt richtig die französischen Formen aus der Gironde in die Variationsbreite von C. (D.) bilineata. Doch COSSMANN & PEYROT (1921) trennen sie als neue Art wieder ab, mit der Begründung, daß die Formen aus dem Wiener Becken bauchiger seien und die obere Knotenreihe durchwegs stärker ausgebildet sei. SIEBER (1936) kann nun nachweisen, daß auch die französischen Formen durch Übergänge mit C. (D.) bilineata verbunden sind.

In Westfrankreich tritt sie vom Aquitanien bis ins Helvetien auf. Aus Österreich war sie bisher ab dem Helvetien bekannt.

Maße: Höhe: 4,3 mm, Durchmesser: 1,2 mm.

Triphora (Triphora) perversa (LINNÉ 1767)

Taf. XIII, Fig. 6

1767 *Trochus perversus* — LINNÉ, ed. 12, p. 1231.
1856 *Cerithium perversus* — HOERNES, M., 3, p. 414, Taf. 42, Fig. 20.
1886 *Triforis (Monophorus) perversus* — DOLLFUS & DAUTZENBERG, p. 105.
1886 *Triforis papaveraceus* — DOLLFUS & DAUTZENBERG, p. 105.
1895 *Monophorus perversus* L. var. *adversa* MONT. — SACCO, 17, p. 63—64, Taf. 3, Fig. 62.
1914 *Triforis perversa* — FRIEDBERG, 1, p. 316/317, Taf. 19, Fig. 2—3.
1921 *Triphora adversa* (MONT.) mut. *miocaenica* — COSSMANN & PEYROT, 73, p. 307, Taf. 7, Fig. 61—62.
1937 *Triphora (Triphora) perversa* — SIEBER, p. 508, Taf. 25, Fig. 3—4.
1949 *Triphora (Triphora) perversa* — GLIBERT, p. 157, Taf. 10, Fig. 13.
1958 *Triphora (Triphora) perversa* — SIEBER, p. 137.
1960 *Triphora (Triphora) perversa* — ANDERSON, p. 68, Taf. 9, Fig. 7.

Bemerkungen: Durch ihre Variabilität in der Ausbildung der Knotenreihen wurden verschiedentlich Varietäten ausgeschieden. Doch finden sich innerhalb der Population von Fels diese Varietäten mit gleitenden Übergängen zur typischen Form. Auch das rezente Vergleichsmaterial aus dem Mittelmeer, der Adria und dem Atlantik zeigt keinerlei Unterschiede, die eine gerechtfertigte Trennung zulassen.

Diese Form ist in Westfrankreich aus dem Burdigalien und Helvetien, aus Norddeutschland, aus dem Elveziano und Tortoniano Italiens und aus dem Miozän Polens bekannt. Im Wiener Becken war sie bisher ab dem Helvetien bekannt.

Maße: Höhe: normal: 7,5 mm   Durchmesser: normal: 1,8 mm
maximal: 9,7 mm   maximal: 2,2 mm

Triphora (Triphora) papaveracea inflexicostata COSSMANN & PEYROT 1924
Taf. XIII, Fig. 5

1873 *Triforis perversa* — BENOIST, p. 156, Nr. 497 (non L.).
1924 *Triphora papaveracea* BENOIST var. *inflexicostata* — COSSMANN & PEYROT, 73, p. 311, Taf. 6, Fig. 81—82.

Das kleine, feste Gehäuse besteht aus restlichen 10 Umgängen, mit 1—2 glatten, konvexen Anfangswindungen. Die übrigen Umgänge sind gerade durch eine feine Sutur getrennt und besitzen oben 2 Spiralreifen, die von Axialrippen gekreuzt werden und eine knotige Gitterskulptur erzeugen. Nach 2—3 Windungen tritt ein dritter Spiralreifen hinzu, wobei nach unten zu die Axialrippen immer deutlicher hervortreten. Die Mündung ist rechteckig siphonostom, mit kurzem Siphonalkanal, die Columella axial gerade.

Bemerkungen: COSSMANN & PEYROT unterscheiden hier von der typischen *T. papaveracea*, einer gedrungenen, bauchigen Form, zwei Unterarten: *T. p. benoisti*, bei der die Skulptur aus 2 Spiralreifen, d. h. Knotenreihen, besteht, und *T. p. inflexicostata*, bei der noch ein 3. Spiralreifen dazutritt. Diese Formen treten in Westfrankreich vom Aquitanien bis ins Burdigalien auf.

Maße: Höhe: 5,4 mm, Durchmesser: 1,3 mm.

Sandbergeria perpusilla (GRATELOUP 1827)
Taf. XII, Fig. 10

1827 *Rissoa perpusilla* — GRATELOUP, II, p. 133, Nr. 103.
1838 *Rissoa perpusilla* — GRATELOUP, X, p. 202, Taf. 5, Fig. 41—42.
1840 *Rissoa perpusilla* — GRATELOUP, Taf. 4, Fig. 41—42.
1856 *Chemnitzia perpusilla* — HOERNES, M., 3, p. 540, Taf. 43, Fig. 19.
1895 *Sandbergeria perpusilla* — SACCO, 17, p. 76, Taf. 2, Fig. 125.
1914 *Sandbergeria perpusilla* — FRIEDBERG, 1, p. 319, Taf. 19, Fig. 6.
1924 *Sandbergeria perpusilla* — COSSMANN & PEYROT, 73, p. 315, Taf. 6, Fig. 21—24, Taf. 7, Fig. 81—82.
1958 *Sandbergeria perpusilla* — SIEBER, p. 138.

Die dünne Schale baut ein aus 7 konvexen Windungen bestehendes Gehäuse auf, die durch eine deutliche Sutur geschieden werden. Die Umgänge sind durch Spiralreifen und schwache Längsrippen verziert. Die Mündung holostom, oval, Außenrand scharf, Innenrand bedeckt als dünne Lamelle den schwach ausgebildeten Nabel.

Bemerkungen: Die aus Fels am Wagram vorliegenden Exemplare sind nicht sehr gut erhalten und die Skulptur ist nur sehr sporadisch zu sehen. Aus dem Wiener Becken liegt *S. perpusilla* aus dem „Tortonien" vor.
In Westfrankreich reicht sie vom Aquitanien bis ins Helvetien.

Turritella (Haustator) vermicularis lineolatocincta SACCO 1895

1895 *Haustator vermicularis* var. *lineolatacincta* — SACCO, 19, p. 23, Taf. 2, Fig. 17.
1912 *Turritella (Haustator) vermicularis* BROCC. var. *lineolatocincta* — SCHAFFER, 2, p. 162, Taf. 53, Fig. 1—4.
1958 *Turritella (Haustator) vermicularis lineolatacincta* — HOELZL, p. 185.
1958 a *Turritella (Haustator) vermicularis lineolatacincta* — SIEBER, p. 138.
1958 b *Turritella (Haustator) vermicularlis lineolatacincta* — SIEBER, p. 243.

Bemerkungen: Es liegen mehrere Bruchstücke vor, die gut mit den Originalen von SCHAFFER (1912) und der Abbildung bei SACCO (1895) übereinstimmen. Aus dem

Eggenburger Bereich, meist aus den höheren Schichten, wie Zogelsdorf, Kleinmeiseldorf und Gaudendorf, von HOELZL (1958) aus dem Grenzbereich Burdigal/Helvet und von Penzberg erwähnt. In Italien vom Elvetiano bis zum Astiano bekannt.

Protoma (Protoma) cathedralis quadricincta SCHAFFER 1912
Taf. X, Fig. 4, 5

1856 *Protoma cathedralis* — HOERNES, M., 3, p. 419 (partim).
1912 *Protoma cathedralis* BRONG. var. *quadricincta* — SCHAFFER, 2, p. 165, Taf. 53, Fig. 15, 16.
1958 *Protoma cathedralis quadricincta* — HOELZL, p. 186, Taf. 18, Fig. 2.
1958 *Protoma (Protoma) cathedralis quadricincta* — SIEBER, p. 138.
1958 *Protoma (Protoma) cathedralis quadricincta* — SIEBER, p. 263, Taf. 3, Fig. 5.

Bemerkungen: Diese von SCHAFFER (1912) aus dem Burdigalien von Eggenburg beschriebene Art wird von SIEBER (1958 b) weiters noch aus dem Helvetien von Laa an der Thaya erwähnt. In Oberbayern tritt sie sehr häufig im marinen Aquitanien des Talberggrabens und dem unteren Burdigalien des Kaltenbachgrabens auf (HOELZL 1958), MEZNERICS (1959) beschreibt Bruchstücke aus der Burdigalfauna von Egercschi — Özd (Ungarn). Auch aus dem unteren Burdigalien des Waagtales in der ČSR wird diese Form von ČTYROKY (1959) und SENEŠ (1960) erwähnt.

Maße: Höhe: etwa 59 mm, Durchmesser: 17 mm.

Petaloconchus intortus woodi MÖRCH 1861

1856 *Vermetus intortus* — HOERNES, M., 3, p. 484, Taf. 46, Fig. 16.
1886 *Vermetus intortus* var. *turonica* — DOLLFUS & DAUTZENBERG, p. 139.
1896 *Vermetus (Petaloconchus) intortus* var. *taurinensis* — SACCO, 20, p. 9, Taf. 1, Fig. 19.
1896 *Vermetus (Petaloconchus) intortus woodi* — SACCO, 20, p. 9, Taf. 1, Fig. 18.
1914 *Vermetus intortus* — FRIEDBERG, 1, p. 323, Taf. 19, Fig. 11—12.
1921 *Vermetus (Petaloconcha) intortus* var. *solutella* — COSSMANN & PEYROT, 73, p. 73, Taf. 3, Fig. 16—17.
1921 *Vermetus (Petaloconcha) intortus* var. *taurinensis* — COSSMANN & PEYROT, 73, p. 75, Taf. 3, Fig. 26—27.
1949 *Vermetus (Petaloconcha) intortus woodi* — GLIBERT, p. 125, Taf. 7, Fig. 9.
1958 *Petaloconchus intortus* — SIEBER, p. 139.

Die rundliche Schale ist anfangs meist noch schraubig mit eng aneinanderliegenden Röhren aufgewunden. Später löst sie sich auf in ein zu einem Haufen zusammengelegtes Röhrenbündel. Meist teilweise oder ganz festgewachsen. Die Oberfläche oft mit Runzeln und Rippen verziert. Innen befinden sich 2 kräftige Längsleisten auf der Spindelwand.

Bemerkungen: Vom typischen *P. intortus* durch den viel kleineren Durchmesser und die Art der Aufrollung sowie die Tendenz, in Gruppen zusammenzuwachsen, unterschieden. Die von SACCO (1896) angeführten Unterarten *P. int. taurinensis* und zum Teil auch *turritelloides* sind durch viele Übergänge mit *P. int. woodi* verbunden. Auch die von COSSMANN & PEYROT als *P. int.* aff. *solutella* abgebildete Form schließt hier an.

Aus Frankreich ist die Form vom Aquitanien bis Helvetien bekannt. Weiters ist sie aus dem Miozän Polens, Ungarns, der ČSR und dem Helvetien und Tortonien des Wiener Beckens nachgewiesen.

Burtinella cf. *subnummulus* SACCO 1896

Taf. XII, Fig. 11

1896 *Bivonia triquetra* var. *subnummulus* — SACCO, 20, p. 14, Taf. 2, Fig. 5.
1922 *Vermetus (Burtinella) subnummulus* — COSSMANN & PEYROT, 73, p. 79, Taf. 3, Fig. 3—4.

Das kleine, in den ersten drei Umgängen planspiral aufgewundene Gehäuse ist röhrenförmig, mit einem glatten Embryonalgehäuse. Der vierte Umgang rechtwinkelig abgebogen. Unregelmäßig verteilt sind die tubenförmigen Anwachsfalten.

Bemerkungen: Die von SACCO (1896) und COSSMANN & PEYROT (1922) abgebildeten Formen stimmen in der Art ihrer Aufrollung des Embryonalgewindes und der Größe recht gut mit unserer Form überein. Doch ist eine in bestimmter Art angeordnete Skulptur aus Längsstreifen typisch, die jedoch bei unserem Exemplar nicht vorhanden ist, da die Schalenoberfläche völlig abgewittert ist.

SACCO (1896) erwähnt die Form aus dem piemontisch-ligurischen Becken von den Colli tornesi, aus Westfrankreich wird sie aus dem Aquitanien beschrieben.

Maße: Höhe: 1,6 mm, Durchmesser: 3,7 mm.

Neverita olla manhartensis SCHAFFER 1912

Taf. X, Fig. 10 a, b

1856 *Natica Josephinia* — HOERNES, III, p. 523.
1912 *Natica (Neverita) Josephinia* RISSO var. *Manhartensis* — SCHAFFER, 2, p. 166, Taf. 54, Fig. 15, 16.
1958 *Polinices (Neverita) josephinia* — HOELZL, p. 207, Taf. 18, Fig. 18, 18 a.
1958 *Neverita olla manhartensis* — SIEBER, p. 139.
1962 *Polinices (Neverita) olla* — HOELZL, p. 152, Taf. 9, Fig. 3.

Das mittelgroße, flache, brotlaibförmige Gehäuse besitzt ein sehr niedriges Gewinde aus 3—4 Umgängen, das von der etwas aufgeblasenen globosen Schlußwindung aus umhüllt wird. Die Sutur ist dadurch fast völlig verwischt und nur als seichte Furche zu erkennen. Die Oberfläche bis auf die radialen Anwachsstreifen glatt. Mündung temnostom, halbelliptisch erweitert, groß, Außenlippe scharfrandig etwas vorgezogen. Der große, tiefe Nabel von einer glatten, konvexen Schwiele bedeckt.

Bemerkungen: Die von SCHAFFER (1912) abgetrennte Unterart ist durch ihr niedriges, flaches Gewinde wohl unterschieden. HOELZL (1958) und (1962) meint, dies sei auf Deformation zurückzuführen, doch ist dies bei den Exemplaren aus Fels am Wagram überhaupt nicht der Fall, und auch bei den Originalen SCHAFFERs ist davon nichts zu sehen. Vielmehr ist auch die von HOELZL (1958) und (1962) abgebildete Form durch ihr flaches Gewinde und die niedrigen Umgänge hierher zu stellen. Die von COSSMANN & PEYROT (1919) aus dem Burdigalien beschriebenen *N. (N.) olla* und *N. (N.) subglaucinoides*, als auch die von KAUTZKY (1925), ANDERSON (1960, p. 81, Taf. 1, Fig. 3 a, b) und die von GLIBERT (1952) erwähnte *P. (N.) olla* unterscheiden sich sehr deutlich durch das höhere Gewinde, den höheren letzten Umgang und die dadurch bedingte höhere Mündung.

N. o. manhartensis ist sehr selten im Chattien Oberbayerns (Kalvarienberg), häufig im Burdigalien des Kaltenbachgrabens von Oberbayern und im Burdigalien Österreichs nachgewiesen.

Maße: Höhe: 9 mm, Durchmesser: 18 mm.

Lunatia catena (DA COSTA 1778)

1778 *Natica catena* — DA COSTA, p. 83, Taf. 5, Fig. 7.
1891 *Natica catena* — SACCO, 8, p. 67.
1925 *Natica (Naticina) catena* — KAUTSKY, p. 68.
1952 *Polynices (Lunatia) catena* — HAGN & HOELZL, p. 45.
1958 *Polynices (Naticina) catena* — HOELZL, p. 206, Taf. 18, Fig. 16, 17, 17 a, var.

8% der Population der Gruppe um *Lunatia catena*.

Maße: Höhe: 23 mm, Durchmesser: 27 mm.

Lunatia catena helicina (BROCCHI 1814)

Taf. X, Fig. 8 a, b

1814 *Nerita helicina* — BROCCHI, 2, p. 297, Taf. 1, Fig. 10.
1856 *Natica helicina* — HOERNES, M., 3, p. 525, Taf. 47, Fig. 6, 7.
1891 *Natica (Naticina) catena helicina* — SACCO, 8, p. 70, Taf. 2, Fig. 43 a, b.
1919 *Natica (Lunatia) helicina* — COSSMANN & PEYROT, 3, p. 432, Taf. 11,
           Fig. 39—41, Taf. 12, Fig. 29.
1921 *Natica (Lunatia) helicina* — HARMER, 2, p. 683, Taf. 54, Fig. 4, 5.
1938 *Natica (Lunatia) catena* — PEYROT, p. 78.
1940 *Natica (Lunatia) helicina* — SORGENFREI, pp. 32, 66, Taf. 5, Fig. 5.
1952 *Polynices (Lunatia) catena f. helicina* — GLIBERT, p. 69, Taf. 5, Fig. 8 a—b.
1952 *Polynices (Lunatia) helicina* — GLIBERT, 2, p. 69, Taf 1, Fig. 4.
1960 *Polynices (Lunatia) catena helicina* — ANDERSON, p. 84, Taf. 2, Fig. 2.

30% der Population der Gruppe um *Lunatia catena*.

Maße: Höhe: 11 mm, Durchmesser: 14 mm.

Lunatia catena johannae (MAYER 1895)

Taf. X, Fig. 9 a, b

1895 *Natica johannae* — MAYER, 43, p. 160, Taf. 7, Fig. 2.
1925 *Natica (Naticina) catena var. mioaperta* — KAUTSKY, p. 68. Taf. 6, Fig. 19.
1938 *Natica (Lunatia) johannae* — PEYROT, p. 80.
1952 *Polynices (Lunatia) johannae* — GLIBERT, 2, p. 70, Taf. 1, Fig. 6.
1960 *Polynices (Lunatia) catena johannae* — ANDERSON, p. 85, Taf. 2, Fig. 3.

Das mittelgroße Gehäuse ist hoch-oval aus 6 konkaven Umgängen aufgebaut, die durch eine rillenartige, scharfe Sutur getrennt werden. Das Gewinde hochgewunden, der letzte Umgang groß, oval, bauchig. Der Nabel weit offen, nicht verdeckt. Die Mündung temnostom, scharfrandig, hoch etwas schief-oval. Der Außen- und Basalrand gebogen, der Innenrand gerade. Die fehlende Parietalwand wird an der Mündung durch eine sekundäre Kalklamelle vom Außen- und Innenrand her gebildet. Die Schalenoberfläche ist glatt, nur schwache Zuwachsstreifen sind in Mündungsnähe vorhanden. 62% der Population der Gruppe um *Lunatia catena*.

Bemerkungen: Die 3 Formen *L. catena*, *L. catena helicina* und *L. catena johannae* stehen einander sehr nahe und sind durch alle Übergänge untereinander verbunden. Nur durch die Häufigkeit, in der sie in Fels am Wagram auftreten, konnten die 3 Typen auseinandergelegt werden. *L. catena johannae* ist bei weitem die häufigste Form (62%) und wurde daher eingehend beschrieben. *L. catena heliciana* wird durch ihr schlankeres Gewinde, die nicht so bauchige Schlußwindung, die etwas stärker verdickte Innenlippe und die gerade

Mündung davon abgetrennt. Sie ist die zweithäufigste Form (30%), während *L. catena* selbst selten auftritt (8%) und mit niederem Gewinde und globulösem, bauchigem letzten Umgang *L. catena johannae* näher steht als *L. catena helicina*. Von ANDERSON (1960, p. 84, Taf. 2, Fig. 1) wird noch eine dritte Unterart: *L. catena achatensis* [(ERECCLUZ) KONICK 1838] angeführt, die in Norddeutschland in überwiegender Zahl in unteroligocänen und mitteloligocänen Populationen auftritt und die der aus Fels am Wagram als *L. catena* ausgeschiedenen Form sehr nahe kommt.

Maße: Höhe: 24 mm, Durchmesser des letzten Umganges: 18 mm.

Capulus (Capulus) merignacensis COSSMANN & PEYROT 1919
Taf. XII, Fig. 13

1919 *Capulus (Capulacmaea) merignacensis* — COSSMANN & PEYROT, 71, p. 511, Taf. 14, Fig. 61—63.

Eine kleine, zerbrechliche Schale, mützenförmig, mit gleichmäßig ovalem Umriß. Die Spitze steigt gegen den Vorderrand an, ist wenig eingekrümmt und endet in einem kleinen, glatten, gut sichtbaren Nucleus. Unter dem Vorderende ist die Schale im Profil betrachtet gleichmäßig konkav durchgebogen. Von der Spitze nach hinten konvex durchgeschwungen, nach allen Seiten gleichmäßig abfallend. Die Oberfläche ist völlig glatt.

Bemerkungen: Diese äußerst zarte und dünnschalige Form liegt in vielen Exemplaren vor und ist durch ihren glatten Nucleus und die völlig skulpturlose Oberfläche leicht von dem ihr sehr ähnlichen *C. dilatatus* DESH. getrennt zu halten. *C. hungaricus neclectus* wird wesentlich größer, auch ist er stärker eingerollt und das Gewinde ragt viel weiter vor. Leider konnten die inneren Merkmale nicht beobachtet werden. COSSMANN & PEYROT beschrieben diese Form aus dem westfranzösischen Burdigalien.

Maße: Höhe: 2 mm, Länge: 4,6 mm, Breite: 3,5 mm.

Calyptraea (Calyptraea) depressa LAMARCK 1822
Taf. X, Fig. 11

1822 *Calyptraea depressa* — LAMARCK, ed. 1, VII, p. 532.
1837 *Calyptraea depressa* — GRATELOUP, Taf. 21, Fig. 20—24.
1852 *Infundibulum depressum* — D'ORBIGNY, 3, p. 91, Nr. 1700.
1856 *Calyptraea depressa* — HOERNES, M., 3, p. 633, Taf. 50, Fig. 16.
1919 *Calyptraea depressa* — COSSMANN — PEYROT, 71, p. 476, Taf. 13, Fig. 13—17, Taf. 14, Fig. 6 u. 34.
1958 *Calyptraea (Calyptraea) depressa* — SIEBER, p. 140.

Die große, rundliche bis ovale Schale ist stumpf kegelförmig, sehr flach und dünn. Der Apex liegt etwas subzentral, die einzelnen Umgänge sind nicht zu unterscheiden. Die Verzierung besteht aus konzentrisch abgesetzten Ringen, auf welchen dornenartige Falten auftreten, die ganz regelmäßig untereinander stehen und so leicht durchgeschwungene Radialrippen bilden. Die Unterseite ist glatt, der Basalrand stark konvex vorgezogen, an der Spindel lippenartig umgeschlagen.

Bemerkungen: Diese erst ab dem Miozän bekannte Art wurde von mehreren Autoren mit *C. chinensis* verwechselt. So auch von HOERNES (1856), der eine Form aus Eggenburg hierherstellte, welche aber dann von SCHAFFER (1912) richtig als *C. chinensis perstriatella* abgetrennt wurde, die auch nie annähernd die Größe von *C. depressa* erreicht. Aus dem Brunnstubensandstein von Eggenburg liegen einige Steinkerne vor, die nach Umriß und

Größe vielleicht hierher zu stellen wären. Nach der Meinung von COSSMANN & PEYROT (1919) würde in den unteren Miozänstufen nur *C. depressa* auftreten, während *C. chinensis* erst ab dem Helvet mit der Form *C. chinensis taurostriatella* SACCO vorhanden wäre. Es treten aber sowohl in Oberbayern (HOELZL 1958) als auch im Burdigal Österreichs beide Formen nebeneinander auf.

Maße: Höhe: 8—10 mm, Durchmesser: 30—38 mm.

Calyptraea (Calyptraea) chinensis LINNÉ 1766

1766 *Patella chinensis* — LINNÉ, 12, p. 1257.
1843 *Calyptraea sinensis* — NYST, p. 363, Taf. 35, Fig. 14.
1856 *Calyptraea chinensis* — HOERNES, M., 3, p. 632, Taf. 50, Fig. 18 (non Fig. 17).
1896 *Calyptraea chinensis* — SACCO, 20, p. 29—30, Taf. 4, Fig. 61 und Variationen.
1899 *Calyptraea chinensis* — BOECKH, p. 31, Taf. 9, Fig. 5.
1912 *Calyptraea chinensis* — SCHAFFER, 2, p. 168, Taf. 54, Fig. 20—21.
1923 *Calyptraea chinensis* — HARMER, 2/3, p. 774, Taf. 61, Fig. 19, 20.
1923 *Calyptraea chinensis* — FRIEDBERG, 1, p. 417, Taf. 25, Fig. 8.
1952 *Calyptraea chinensis* — GLIBERT, 2, p. 65, Taf. 5, Fig. 5.
1958 *Calyptraea chinensis taurostriatellata* — SIEBER, p. 140.
1959 *Calyptraea chinensis* — MEZNERICS, p. 99.
1959 *Calyptraea (Calyptraea)* cf. *chinensis* — ČTYROKY, p. 74.
1960 *Calyptraea chinensis* — SENEŠ, p. 106.
1962 *Calyptraea chinensis* — HOELZL, p. 144.

Das dünnschalige Gehäuse ist flach-kegelförmig, von kreisrundem Umriß und mittlerer Größe. Der kleine, ganz schwach gedrehte Apex liegt im Mittelpunkt der Schale. Die Windungen sind außen fast völlig verwischt und kaum zu unterscheiden. Die Oberfläche ist meist glatt, nur gegen den Rand zu treten feine konzentrische Streifen hervor. Die Mündung konnte nicht beobachtet werden.

Bemerkungen: Die von SACCO (1896) aufgestellte Unterart: *C. chinensis taurostriatellata* zeichnet sich durch einen mit konzentrischen Reifen stark skulptierten Unterrand aus, die von SCHAFFER (1912) neu beschriebene Unterart: *C. chinensis perstriatellata* durch dichtgedrängte, kräftige, leichtgebogene Radialstreifen. SIEBER (1958, p. 140) zieht nun die von HOERNES, M. (1856, 3, p. 632, Taf. 50, Fig. 17—18), und SCHAFFER (1912, 2, p. 168, Taf. 54, Fig. 20—21) beschriebenen Formen zur *C. chinensis taurostriatellata* SACCO. Nach Vergleich des Eggenburger Materials und des Materials von Fels am Wagram mit rezentem Material konnten diese eindeutig als zu *C. chinensis* gehörig erkannt werden. Auch die bei HOERNES (1856) auf Taf. 50, Fig. 18 abgebildete Form gehört hierher. Bei Fig. 17 auf Taf. 50 handelt es sich nicht um *C. chinensis taurostriatellata*, wie SIEBER (1958) annimmt, sondern um die von SCHAFFER (1912) beschriebene *C. chinensis perstriatellata*. Diese Art hat eine sehr große zeitliche und geographische Verbreitung und tritt in Oberbayern und Norddeutschland bereits mit dem Oligozän auf.

Maße: Höhe: 5 mm, Durchmesser: 10 mm.

Xenophora cumulans transiens SACCO 1896

Taf. X, Fig. 2 a, b

1823 *Trochus cumulans* — BRONGNIART, p. 57, Taf. 4, Fig. 1.
1856 *Xenophora cumulans* — HOERNES, M., 3, p. 443, Taf. 44, Fig. 13.
1896 *Tugurium cumulans* var. *transiens* — SACCO, 20, p. 23.

1912 *Xenophora cumulans* var. *transiens* — SCHAFFER, 2, p. 170, Taf. 54, Fig. 34—35.
1958 *Tugurium* cf. *cumulans transiens* — HOELZL, p. 203, Taf. 18, Fig. 14.
1958 *Xenophora cumulans transiens* — SIEBER, p. 141.

Das große, breit kegelförmige Gehäuse setzt sich aus 6 schwach gewölbten Umgängen zusammen, die durch eine tiefe Sutur voneinander getrennt sind. Besonders an diesen Nähten sitzen die agglutinierten Fremdkörper, Schalenbruchstücke und Reste von Balanidengehäusen. Am letzten Umgang sind deutliche, nach hinten durchgekrümmte radiale Rippen ausgebildet. Die Basalfläche konkav ausgehöhlt, mit sichelförmigen Zuwachsstreifen, der Nabel verdeckt, die Mündung groß, flach oval.

Bemerkungen: Diese auch von Eggenburg (Loibersdorf) bekannte Form hat auch HOELZL (1958) aus dem bayerischen Burdigalien nachgewiesen. Er stellt sie aber zur Gattung *Tugurium*, wahrscheinlich durch den schlechten Erhaltungszustand bedingt, da sie sonst alle Eigenschaften einer echten *Xenophora* (nach WENZ 1938—1944, p. 906) besitzt.

Maße: Höhe: 30 mm, Durchmesser der Basis: 49 mm.

Drepanocheilus (Arrhoges) speciosus serus nov. subspec.
Taf. XI, Fig. 1, 2, 3, 4

Diagnose: wie *D. (Arr.) sp. unisinuatus*, doch wird der 2. Reifen mit angedeuteten Knoten auf der Schlußwindung in den ersten einbezogen, der dritte Spiralreifen verschwindet völlig.

Holotypus: Paläontologisches Institut der Universität Wien, Inv.-Nr. 1661.

Locus typicus: Dornergraben bei Fels am Wagram, Niederösterreich.

Stratum typicum: Burdigalien.

Derivatio nominis: serus = lat. spät (im Sinne der auf die typische Form nachfolgenden Art).

Beschreibung: Das große, dickschalige Gehäuse wird von 5 leicht konkaven Umgängen aufgebaut. Auf diesen sitzen bei manchen Exemplaren noch 1—2 glatte Embrionalwindungen. Auf den ersten 4 Umgängen, die durch eine fadenförmige, scharfe Sutur getrennt werden, liegen 10—12 schief gegen den Flügel gerichtete Axialrippen, die auf dem vierten Umgang oft derber und dicker ausgebildet sind. Darüber hinweg verläuft eine Spiralskulptur. Die Endwindung groß, schräg nach oben über den vorletzten Umgang übergreifend, sich in einem riesigen Flügelfortsatz ausweitend, mit einer Knotenreihe aus länglichen starken Knoten verziert, die in den einen Flügelfortsatz hinein ausläuft. Flügelaußenrand gleichmäßig durchgeschwungen zum oberen Flügelfortsatz hinaufgezogen. Der Partialrand des Flügels leicht konvex ausgehöhlt und zum oberen Flügelende ansteigend. Der Flügel selbst an die 4 unteren Umgänge angeheftet, löst sich oben vom Gehäuse ab. Mündung lang, oval, schmal, mit weit übergeschlagener Innenlippe. Unten mit geradem, sehr kurzem, breit schnabelartigem, unten abgestützten Rostrum.

Bemerkungen: Diese in Fels am Wagram in den groben Quarzsanden an der Basis häufige Form zeigt in ihrer Variationsbreite den direkten Zusammenhang mit *D.(Arr.) speciosus unisinuatus* SANDBERGER, wie sie GLIBERT (1957, p. 56, Taf. 5) aus dem Chattien von Houthaelen (Belgien) abbildet. Die Form *unisinuatus* besitzt am letzten Umgang einen oberen Knotenreifen, darunter einen mit schwach angedeuteten Knoten und einen glatten, scharfkieligen Reifen. Die Felser Übergangsformen zeigen an manchen Exemplaren den einzigen Knotenreifen noch deutlich zweigeteilt und darunter einen schwachen, glatten

Reifen. Bei den für die neue Unterart typischen Exemplaren sind diese beiden Knotenreihen bereits völlig verschmolzen, der untere Reifen ist verschwunden.

Maße: Typus: Höhe: 61 mm, Durchmesser des letzten Umganges: 28 mm.

Drepanocheilus (Arrhoges) speciosus megapolitana BEYRICH 1854
Taf. X, Fig. 6

1854 *Aporrhais speciosa* var. *megapolitana* — BEYRICH, 6, p. 489, Taf. 11, Fig. 4—5.
1862 *Aporrhais speciosa* var. *megapolitana* — SPEYER, p. 166, Taf. 31, Fig. 1—2.
1891 *Aporrhais speciosa* — v. KOENEN, 3, p. 695, Taf. 50, Fig. 11—12.
1897 *Aporrhais speciosa* — WOLFF, p. 272, Taf. 26, Fig. 1—2.
1914 *Aporrhais speciosa* var. *megapolitana* — ROTH v. TELEGD, p. 37, Taf. 4, Fig. 16—17.
1952 *Drepanocheilus (Arrhoges) speciosus* var. *megapolitana* — HAGN & HOELZL, p. 45.
1952 *Drepanocheilus (Arrhoges) speciosus megapolitana* — GOERGES, p. 82.
1958 *Aporrhais speciosus megapolitana* — HOELZL, p. 205, Taf. 18, Fig. 15.
1960 *Drepanocheilus (Arrhoges) speciosus megapolitana* — SENEŠ, p. 107, 108.
1962 *Aporrhais speciosus* aff. *megapolitana* — HOELZL, p. 149.

An den aus restlichen 4 Windungen bestehenden mittelgroßen Gehäusen sind die oberen Umgänge mit schwachen Spiralreifen verziert, über die sich starke, nach vorne durchgekrümmte Längsrippen hinwegsetzen. Die Schlußwindung, besonders deutlich abgesetzt, ist mit 3 starken, mit Knoten besetzten Spiralreifen und dazwischenliegenden feineren verziert. Der oberste Reifen setzt sich ohne Knoten weiter in die ausgezogene Flügelspitze fort. Der Flügelrand ist oben tief ausgeschnitten, der ganze Flügel stark ausgeweitet, am Basalrand abgestutzt und in eine kurze Kanallippe ausgezogen. Der obere Flügelfortsatz ist mit dem Gewinde verwachsen. Die Mündung ist rechteckig lang, unten mit kurzem Siphonalkanal. Die Innenlippe stark wulstig umgeschlagen, den Nabel völlig verdeckend.

Bemerkungen: Durch das Auftreten dieser Form wird wieder die enge Beziehung zum bayerischen Burdigal unterstrichen, ebenso die Stellung von Fels am Wagram als tiefstes Glied der Eggenburger Serie gekennzeichnet. Gegenüber den Exemplaren aus dem Chattien von Rumeln, die mit dem Material von Fels am Wagram verglichen wurden, zeigt sich nur eine deutliche Größenzunahme.

Maße: Höhe: 32 mm, Durchmesser der Schlußwindung: 27 mm.

Erato (Erato) cypraeola gallica SCHILDER 1932
Taf. XII, Fig. 12

1837 *Marginella cypraeola* — DUJARDIN, p. 302.
1886 *Erato laevis* — DOLLFUS & DAUTZENBERG, p. 105.
1923 *Erato subcypraeola* — COSSMANN & PEYROT, 74, p. 392, Taf. 11, Fig. 50—51 (pars).
1932 *Erato gallica* — SCHILDER, p. 255.
1932 *Erato (Erato) transilus gallica* — SCHILDER, p. 89.
1952 *Erato (Erato) cypraeola gallica* — GLIBERT, 2, p. 262, Taf. 3, Fig. 3.

Das kleine, feste, birnenförmige Gehäuse besitzt ein wenig hervortretendes, stumpfkegelförmiges Gewinde. Die einzelnen Umgänge werden durch eine seichte Sutur voneinander getrennt. Die Schlußwindung nimmt hier fast die ganze Höhe des Gehäuses ein, oben bauchig ausgeweitet, verjüngt sie sich gegen die Basis. Die Schalenoberfläche ist skulpturlos. Die Mündung ist gerade, schmal-schlitzförmig, etwas schief gegen die Achse geneigt. Die Außenlippe durch einen Wulst verdickt, an der Innenseite deutlich gezähnelt. Am Columellarrand unten eine nach außen laufende Falte, darüber einige Zähnchen.

Bemerkungen: Die verwirrte Nomenklatur dieser Art dürfte auf die große Variationsbreite in der Gehäusegröße, der Spindelhöhe und der Mundrandbezahnung liegen. HOERNES (1856) zählt die fossilen Formen zur rezenten *E. laevis*, was COSSMANN & PEYROT (1923) ablehnen und den ganzen Formenkreis unter *E. subcypraeola* D'ORBIGNY vereinigen. SCHILDER (1932), der sich ausschließlich mit Cypraeaceen befaßt, trennt die fossilen und rezenten Formen voneinander. GLIBERT (1952/II) gibt eine ausführliche Darstellung der nomenklatorischen Verhältnisse, denen ich mich hier angeschlossen habe.

In Westfrankreich ist diese Art vom Aquitanien bis zum Helvetien bekannt, ebenso tritt sie im Helvetien des Loirebeckens auf und in Oberbayern im Grenzbereich Burdigal und Helvet. Aus dem Wiener Becken war sie bisher nur aus dem Tortonien bekannt.

Maße: Höhe: 4 mm, größter Durchmesser: 2,7 mm.

Ficus sp.

Der Rest des oberen Teiles eines Gehäuses mit 4 Windungen, die schwach konvex sind und durch eine fadenartige Sutur getrennt werden. Die ersten zwei Windungen völlig glatt. Auf den beiden folgenden die Reste einer gitterartigen Skulptur, bei der die Spiralreifen betont sind, während die Axialrippen fein darüber hinwegziehen.

Bemerkungen: SCHAFFER (1912) beschreibt aus Maria Dreieichen einen *F. (F.) conditus*, der vielleicht mit unserem Rest verglichen werden kann.

Latirus (Latirus) valenciennesi (GRATELOUP 1840)

1840 *Fasciolaria Valenciennesi* — GRATELOUP, Taf. 23, Fig. 4.
1855 *Fusus Zahlbruckneri* — EICHWALD, p. 178.
1856 *Fusus Valenciennesi* — HOERNES, M., 3, p. 287, Taf. 31, Fig. 13—15.
1890 *Fusus Valenciennesi* — HOERNES, R. & AUINGER, p. 253.
1904 *Dolicholathyrus? Valenciennesi* — SACCO, 30, Taf. 7, Fig. 29—30.
1912 *Fusus Valenciennesi* — FRIEDBERG, 1, p. 159, Taf. 9, Fig. 7—8.
1912 *Fusus Valenciennesi* — SCHAFFER, p. 142, Taf. 50, Fig. 6—8.
1958 *Latirus (Latirus) Valenciennesi* — SIEBER, p. 151.

Es liegt der letzte und vorletzte Umgang eines Gehäuses vor. Die Wände sind konkav, die Windung mit etwa 10 starken, wulstartigen Axialrippen versehen. Über diese hinweg verläuft eine fadenförmige Spiralskulptur, bei der zwischen 2 starken Reifen ein feinerer eingefügt ist.

Bemerkungen: Obwohl dieser Rest sehr fragmentarisch ist und obendrein noch seitlich zusammengequetscht wurde, ist er nach der guten Abbildung und Beschreibung bei HOERNES (1856) sicherlich hierher zu stellen. Auch ein Vergleich der Steinkerne, die SCHAFFER (1912) aus dem Burdigalien von Eggenburg beschreibt, festigte die Meinung über die Zugehörigkeit zu dieser Art.

Cancellaria (Trigonostoma) umbilicaris pluricostata KAUTSKY 1925

Taf. X, Fig. 7

1856 *Cancellaria spinifera* — HOERNES, M., 3, p. 323, Taf. 35, Fig. 6.
1925 *Trigonostoma spinifera* var. *pluricostata* — KAUTSKY, p. 140, Taf. 10, Fig. 6.
1936 *Cancellaria (Trigonostoma) spinifera* — SIEBER, p. 84, Taf. 3, Fig. 10.

1952 *Cancellaria (Trigonostoma) umbilicaris pluricostata* — GLIBERT, 2, p. 125, Taf. 9, Fig. 11.
1959 *Cancellaria (Trigonostoma) umbilicaris pluricostata* — DITTMER, Nr. 201.

Die hochgewundene Form besteht aus 6 Umgängen, die 3 obersten rundlich und glatt, die 3 folgenden treppenförmig abgesetzt mit breiter Schulter, die Außenwand gerade abfallend, mit starken Längsrippen verziert, über die hinweg feinere Spiralreifen verlaufen. Die Mündung abgebrochen, doch deutlich 2 Spindelfalten, wodurch die Unterart *pluricostata* gekennzeichnet wird.

Bemerkungen: Schon HOERNES (1856) führt die große Variationsbreite dieser Art an, SIEBER (1936) zieht die von KAUTSKY (1925) aufgestellte Unterart wieder zu *C. (T.) spinifera* und bemerkt, daß die Formen mit verstärkter Rippenbildung typische Sandbewohner seien (vgl. auch SIEBER, 1938, p. 360). Doch dürfte das Vorhandensein von nur 2 Spindelfalten und die Vermehrung der Längsrippen wohl eine Abtrennung berechtigen. Aus dem Wiener Becken bisher nur aus dem Tortonien bekannt, von DITTMER (1959) aus der Hemmoorer Stufe des westlichen Schleswig-Holstein erwähnt.

Maße: Höhe: 23 mm, Durchmesser der letzten Windung: 16 mm.

Perrona (Perrona) semimarginata (LAMARCK 1822)

1822 *Pleurotoma semimarginata* — LAMARCK, 7, p. 296.
1840 *Pleurotoma semimarginata* — GRATELOUP, Taf. 19, Fig. 5 und 16, Taf. 21, Fig. 3 und 5.
1856 *Pleurotoma semimarginata* — HOERNES, M., 3, p. 347, Taf. 38, Fig. 7—8.
1904 *Clavatula (Perrona) semimarginata* — SACCO, 30, p. 20, Taf. 13, Fig. 6—8.
1931 *Clavatula (Perrona) semimarginata* — COSSMANN & PEYROT, 83, p. 48, Taf. 6, Fig. 14, 15, 23, 27, 32.
1954 *Clavatula (Perrona) semimarginata* — GLIBERT, p. 20, Taf. 4, Fig. 1.
1958 *Clavatula (Perrona) semimarginata* — HOELZL, p. 264, Taf. 21, Fig. 17.

Bemerkungen: Das einzige nicht vollständig erhaltene Exemplar ließ die Entscheidung, ob zu *P. (P.) semimarginata praecursor* SCHAFFER gehörig, nicht zu. Auch kann daher nicht auf die von HOELZL (1858) angedeutete Variationsbreite und die damit verbundene Frage, ob *P. (P.) s. praecursor* als zum Typus gehörig angesehen werden soll, eingegangen werden.

Ringicula (Ringiculella) auriculata pauluicciae MORLET 1878

Taf. XII, Fig. 15

1840 *Ringicula buccinea* var. *minor* — GRATELOUP, Taf. 11, Fig. 8, 9.
1856 *Ringicula buccinea* — HOERNES, M., 3, p. 86, Taf. 9, Fig. 4.
1878 *Ringicula pauluicciae* — MORLET, p. 266, Taf. 6, Fig. 6, Taf. 8, Fig. 9.
1878 *Ringicula Fischeri* — MORLET, p. 269, Taf. 7, Fig. 3.
1878 *Ringicula Brocchi* — MORLET, p. 287, Taf. 8, Fig. 3.
1878 *Ringicula Tournoueri* — MORLET, p. 287, Taf. 6, Fig. 10.
1892 *Ringicula (Ringiculella) auriculata minor* — SACCO, 12, p. 30 .
1928 *Ringicula auriculata* — FRIEDBERG, 1, p. 551, Taf. 36, Fig. 8—11.
1932 *Ringicula (Ringiculella) Tournoueri* — COSSMANN & PEYROT, 84, p. 143, Taf. 11, Fig. 7, 11—13, 18—25, 54—61.
1952 *Ringicula (Ringiculina) buccinea* — GLIBERT, 2, p. 141, Taf. 10, Fig. 13 c, d.
1954 *Ringicula (Ringiculella) auriculata pauluicciae* — BERGER, p. 115, Taf. 7, Fig. 8—13.

1957 *Ringicula striata* — ZBYSZEWSKI, p. 186, Taf. 12, Fig. 130.
1958 *Ringicula (Ringiculella) auriculata paulucciae* — HOELZL, p. 281, Taf. 22, Fig. 10.
1958 *Ringicula (Ringiculella) auriculata paulucciae* — SIEBER, p. 162.

In seiner Bearbeitung der Ringiculiden aus dem Wiener Becken weist BERGER (1954) auf die große Variabilität dieser Art hin und grenzt die einzelnen *auriculata*-Gruppen des Wiener Beckens genau gegeneinander ab. BERGER vermutete, daß die Stammform der *R. a. paulucciae* erst mit der Helvet-Transgression ins Wiener Becken gekommen wäre. Die Formen aus Fels am Wagram liegen alle in dem Größenbereich von 3—4 mm, den BERGER für diese Gruppe angibt.

Diese Unterart wurde bisher aus dem Burdigalien von Oberbayern, SW-Frankreich und Portugal, dem Tortonien von Italien und Polen und dem Pliozän von Oberitalien und Belgien bekannt. Aus dem Wiener Becken lag sie ab dem Helvetien vor.

Maße: Höhe: 3,7—4 mm, Durchmesser: 2,4 mm.

Retusa (Cylichnina) clathrata (DEFRANCE 1814)

1814 *Bulla clathrata* — DEFRANCE, 5, Suppl. p. 131.
1825 *Bulla clathrata* — BASTEROT, p. 21, Taf. 1, Fig. 10.
1837 *Bulla tarbelliana* — GRATELOUP, 9, p. 422, Taf. 3, Fig. 29—30.
1856 *Bulla clathrata* — HOERNES, M., 3, p. 623, Taf. 50, Fig. 8.
1919 *Bullinella (Gylichnina) clathrata* — COSSMANN & PEYROT, 84, p. 185, Taf. 13, Fig. 11, 15—17.
1953 *Retusa (Cylichnina) clathrata* — BERGER, p. 101, Taf. 19, Fig. 95.
1958 *Retusa (Cylichnina) clathrata* — SIEBER, p. 163.

Das schlanke, zylindrische Gehäuse ist oben etwas schmäler. Das Gewinde ist eng, nabelartig eingesenkt, die Endwindung oben gerundet, die Mündung sehr eng, oben über das Gewinde hinausragend, der Außenrand oben zurückgezogen und etwas ausgeschnitten. Die Mündung unten erweitert und abgerundet, der Columellarrand mit einer deutlich umgeschlagenen Falte. Die leicht angewitterten Schalen mit Gitterung durch hervortretende helle Längsstreifen und schwächere Spiralreifen.

Bemerkungen: Diese aus dem Burdigalien von SW-Frankreich bekannte Art tritt in den übrigen Faunengebieten erst ab dem Tortonien auf. Im Wiener Becken war sie bisher als seltene, kleinwüchsige Art der unteren Lagenidenzone (Torton) bekannt. Die in Fels am Wagram ziemlich häufige Form erreicht hier dieselbe Größe wie im Burdigalien von SW-Frankreich.

Maße: 14—19 mm, Durchmesser: 6—9 mm.

Cylichna (Cylichna) cylindracea (PENNANT 1777)

Taf. XII, Fig. 17

1777 *Bulla cylindracea* — PENNANT, p. 117, Taf. 70, Fig. 85.
1837 *Bulla convoluta* — GRATELOUP, 9, p. 424, Taf. 3, Fig. 37, 38.
1840 *Bulla convoluta* — GRATELOUP, Taf. 2, Fig. 37—38.
1856 *Bulla convoluta* — HOERNES, M., 3, p. 623, Taf. 5, Fig. 7.
1919 *Bullinella pseudoconvoluta* — COSSMANN & PEYROT, 84, p. 182, Taf. 13, Fig. 7—9.
1919 *Bullinella pseudoconvoluta* — D'ORB. var. *subcylindracea* — COSSMANN & PEYROT, 84, p. 184, Taf. 13, Fig. 21—23.
1952 *Cylichna (Cylichna) pseudoconvoluta* — GLIBERT, p. 396, Taf. 15, Fig. 7.

1953 *Cylichna (Cylichna) cylindracea* — BERGER, p. 109, Taf. 18, Fig. 72—73.
1959 *Cylichna (Cylichna) cylindracea* — ZILCH (WENZ), 2/1, p. 23, Abb. 66.

Wie schon die Synonymieliste zeigt, herrschen hier ziemliche Unstimmigkeiten, ob die fossile Art von der rezenten getrennt gehalten werden soll oder mit ihr zu vereinigen ist. Nach Durchsicht von rezentem Vergleichsmaterial aus Norwegen, Palermo und der Gironde zeigten sich außer Größenunterschieden bei den Exemplaren aus Norwegen und Palermo sonst keine Unterschiede. Denn sowohl bei den rezenten wie bei den fossilen Exemplaren fanden sich solche mit apical engem, fast verdecktem Nabel und weitgenabelte. Die rezenten Exemplare aus der Gironde stimmten überhaupt völlig mit den fossilen überein. Eine systematische Abtrennung der fossilen Formen scheint daher nicht gerechtfertigt. Im Wiener Becken war diese Form bisher nur aus dem tiefen Teil des Tortonien bekannt.

Maße: Höhe: 4,5 mm, Durchmesser: 2 mm.

Roxania (Roxania) elongata (GRATELOUP 1937)
Taf. XII, Fig. 18.

1837 *Bulla semistriata* var. *elongata* — GRATELOUP, p. 423, Taf. 3, Fig. 32, 33.
1840 *Bulla semistriata* var. *elongata* — GRATELOUP, Taf. 2, Fig. 33, 34.
1919 *Roxania elongata* — COSSMANN & PEYROT, 84, p. 196, Taf. 12, Fig. 6, 7, 12, Taf. 13, Fig. 1—3.

Ein kleines, zylinderförmiges Gehäuse mit eingesenktem, aber sichtbarem Gewinde. Die enge, schlitzförmige Mündung unten mäßig erweitert und abgerundet. Der Außenrand gerade, die Spindel unten winkelig gegen den Basalrand abgesetzt. Der untere Columellarrand in eine abgelöste Falte umgeschlagen. Oben und unten durch verschieden weit entfernte Spiralreifen verziert.

Bemerkungen: Diese im Burdigalien von SW-Frankreich auftretende Art hat dort eine nahe Verwandte: *Roxania burdigaliensis*, von der sie sich aber durch ihr schlankeres, kleineres Gehäuse, den wesentlich weiteren und tieferen apicalen Nabel und durch die vermehrten Spiralreifen unterscheidet. Sie war bisher aus dem Molassebereich noch nicht nachgewiesen und tritt auch in Fels am Wagram nicht sehr häufig auf.

Maße: Höhe: 8 mm, Durchmesser: 3 mm.

Scaphander (Scaphander) lignarius grateloupi (MICHELOTTI 1847)

1847 *Bullia Grateloupi* — MICHELOTTI, p. 150.
1895 *Scaphander lignarius* var. *grateloupi* — SACCO, 22, p. 44, Taf. 3, Fig. 104—122.
1928 *Scaphander lignarius* — FRIEDBERG, 1, p. 546, Taf. 34, Fig. 3—4.
1932 *Scaphander lignarius* L. mut. *Grateloupi* — COSSMANN & PEYROT, 84, p. 202, Taf. 12, Fig. 15, 17—21.
1953 *Scaphander (Scaphander) lignarius grateloupi* — BERGER, p. 114, Taf. 20, Fig. 102, Taf. 21, Fig. 106.
1958 *Scaphander (Scaphander) lignarius grateloupi* — HOELZL, p. 285, Taf. 22, Fig. 14.
1962 *Scaphander (Scaphander) lignarius grateloupi* — HOELZL, p. 204.

Mittelgroß, ei-kegelförmig, oben abgestutzt, unten verbreitert. Der Apex eingesenkt und unter der Schwiele des Außenrandes verborgen. Der Außenrand bogig oben am Ansatz etwas ausgeschnitten, sonst dünn und einfach. Der Columellarrand leicht umgeschlagen. Die Mündung oben schmal, nach unten gewaltig erweitert. Die Oberfläche mit Bandspiralen verziert, die in ungleichen Abständen voneinander verlaufen.

Bemerkungen: Diese Form ist aus der Aquitaine, aus dem Aquitanien und Burdigalien bekannt, in Norddeutschland schon im Oligozän, und wurde von HOELZL (1958) auch aus dem oberbayerischen Chattien, Aquitanien und Burdigalien nachgewiesen. Aus Österreich war sie bisher nur aus dem basalen Tortonien bekannt.

Maße: Höhe: 7—12 mm, Durchmesser: 4—7 mm.

FORAMINIFERA (K. GOHRBANDT, Tripolis):

Probe 3 (Grobsandbereich): *Cibicides lobatulus* (W. & J.)
Probe 4 (aus Schillhorizont): *Cibicides lobatulus* (W. & J.)
Asterigina sp.
Globulina gibba D'ORB.
Guttulina problema D'ORB.
Elphidium ortenburgense (EGGER)
Elphidium cryptostomum (EGGER)
Probe 6 (Feinsandpaket): *Globigerina bulloides* D'ORB.
Globigerina concinna REUSS
Cibicides lobatulus (W. & J.)
Globulina gibba D'ORB.
Guttulina problema D'ORB.
Guttulina sp.
Spiroplectammina sp.
Textularia div. sp.
Discorbis sp.
Asterigerina planorbis (D'ORB.)
Robulus inornatus D'ORB.
Miliolidae div. sp.
Nonion commune (D'ORB.)
Astrononion sp.
Elphidium subcarinatum (EGGER)
Elphidium ortenburgense (EGGER)
Elphidium minutum (D'ORB.)
Elphidium cryptostomum (EGGER)
Elphidium felsense PAPP

Stratigraphie: Der überwiegende Teil des Artbestandes besteht aus Spezies, die für eine stratigraphische Beurteilung des Fundortes nicht in Frage kommen, da sie Durchläuferformen darstellen. Von Prof. PAPP wurden die in diesem Probenmaterial auftretenden Elphidien für morphogenetische Untersuchungen herangezogen. Unter Verwertung seiner Untersuchungen und eigener Beobachtungen lassen sich auf Grund der Elphidien Beziehungen zu Ortenburg/Bayern (= Burdigal) erkennen. Darauf weist vor allem das Auftreten von *Elphidium ortenburgense, E. subcarinatum, E. cryptostomum* und *E. felsense* in der Probe 4 bzw. 6 von Fels am Wagram hin. Demnach wären diese Schichten von Fels am Wagram in das Burdigal einzustufen.

Ökologie: Auf Grund der Kleinforaminiferen läßt sich sagen, daß die Sedimente von Fels am Wagram im Litoralbereich zur Ablagerung gelangten. Darauf weist das Auftreten von *Cibicides lobatulus* hin, der besonders in der Probe 6 massenhaft vertreten ist. Diese Art lebt rezent angeheftet auf Pflanzen, und da der Pflanzenbewuchs bis maximal 50 m Tiefe reicht, dürfte dieser Tiefenbereich in Frage kommen. Überdies spricht für eine küstennahe

Bildung das fast völlige Fehlen von Globigerinen sowie das Auftreten von Polymorphiniden, Milioliden und Asteriginen, Genera, die in Küstennähe ihre größte Entfaltung besitzen. Hinweis auf eine brackische Beeinflussung sind nicht festzustellen.

ANTHOZOA (O. KUEHN, Wien):
Paleoastroides tridentifer nov. spec.
Taf. XI, Fig. 5

Typus: Paläontologisches Institut, Wien, Inv. Nr. 1755.

Locus typicus: Fels am Wagram, Niederösterreich.

Stratum typicum: Burdigalium.

Diagnose: Kolonie plocoid, Kelche wenig hervorragend. Septen in fünf vollzähligen Zyklen, auch im erwachsenen Zustande nach dem Pourtalès-Plan, die Innenenden des 3. bis 5. Zyklus anastomosierend. Columella kleiner als die Hälfte des Kelchdurchmessers, ihre Maschen sehr kräftig, durch feine Fäden mit den Innenenden der Septen in Verbindung.

Derivatio nominis: tridentifer — der Dreizack — da Septen bis zu den adulten Stadien dreizackig.

Beschreibung: Die knollenförmigen Kolonien sind infolge des zarten Skelettbaues stark abgerieben, die Kelche sind durchwegs schlecht erhalten. Die meisten Kolonien sind von feinen Gängen von höchstens 0,5 mm Durchmesser durchbohrt, die wahrscheinlich von Algen herrühren und zu dem starken Zerfall der Kolonien beigetragen haben; sie dürften die Stöcke erst postmortal befallen haben, da sie auch das Innere der Kelche, stets an den skelettschwächsten Stellen, zwischen den kräftigeren Septen, durchbohren. An einem Stück sind auch größere Gänge, von Bohrmuscheln, zu sehen.

Die Kelche ragen auch an besser erhaltenen Stellen nur im Jugendstadium stärker heraus, in der Regel nur 1—2 mm über die Oberfläche der Kolonie. Sie sind unregelmäßig verstreut, man kann nicht, wie bei anderen Gattungen der Eupsammiden, eine Vorderseite mit Kelchen und eine Rückseite ohne solchen unterscheiden.

Das Sclerenchym zwischen den Kelchen ist nur am Abfall derselben zur Kolonieoberfläche parallel angeordnet; weiter entfernt wird es zum Unterschiede von *Dendrophyllia*, ganz unregelmäßig.

Die Septen sind sehr dünn, in fünf Zyklen ausgebildet; jene der ersten beiden Zyklen sind frei, jene der drei weiteren sind durch feine Anastomosen zu einem etwas unregelmäßigen Pourtalès-Plan verbunden. Die Seitenflächen der Septen sind mit schwachen, dem Distalrande parallelen Leistchen und zarten, spitzigen Zähnchen besetzt. Der Oberrand ist mit etwas stärkeren, aber immer noch recht feinen Dornen versehen.

Die Pali („lobes paliformes") sind ziemlich schwach. Die Columella besteht aus wesentlich stärkeren Kalkmassen, die mit den Innenenden der Septen durch dünne Fäden in Verbindung stehen.

Die neue Art steht ersichtlich *Dendrophyllia* nahe, unterscheidet sich aber durch die massige (plocoide) Kolonieform, durch das zwischen den Kelchen unregelmäßige Sclerenchym. Von den gesamten *Tubastraeinae* ALLOITEAU unterscheidet sie sich durch die auch im erwachsenen Zustande bleibende Verbindung der Septen.

Es handelt sich also um eine Art der Gattung *Paleoastrides* CHEVALIER, die sich noch am ehesten der Typusart *P. michelini* CHEV. nähert. Von dieser unterscheidet sie sich durch die 5 vollzähligen Septenzyklen und die kürzere, breitere Columella (kaum die Hälfte des Kelchdurchmessers, bei *P. michelini* dagegen über zwei Drittel).

Verbreitung: die Gattung *Paleoastroides* ist bisher nur aus Aquitanien bis Helvetien von Frankreich und Italien bekannt, die nahestehende Art *P. michelini* aus dem Helvetien der Touraine.

BRYOZOA (E. FLUEGEL, Darmstadt):

Cylostomata

Material: Mehrere Fragmente von einfach und doppelt verzweigten sowie patelloiden, kleinen Zoarien (größte Länge 11 mm). Das Material stammt aus Schlämmproben und ist z. T. mit Quarzaggregaten verkrustet.

Bestimmung: Da in keinem Fall ein Zoarium vollständig erhalten ist, muß sich die Bestimmung auf die Untersuchung von z. T. nur mangelhaft erhaltenen Zoarien-Bruchstücken stützen.

Bei der Mehrzahl der Fragmente erkennt man 3 gleichmäßig verteilte, runde oder ovale Aperturen und zwischen ihnen ungeordnet verteilte, winzige Mesoporen. Längsbrüche zeigen, daß die kurzen Zooecien nicht von Diaphragmen unterteilt werden. Ovicellen sind nur in Andeutungen wahrnehmbar.

Maße: Höhe der bäumchenförmig entwickelten Zoarien-Fragmente 5,5 bis 11 mm, Breite etwa 3 mm, Durchmesser der Aperturen zwischen 0,06 und 0,08 mm, vereinzelt bis 0,10 mm ansteigend. Der Durchmesser der Mesoporen liegt unter 0,015 mm. Auf 1 mm^2 kommen etwa 20 Aperturen, die Verteilung der Mesoporen ist sehr ungleichmäßig — auf der Fläche zwischen 4 Aperturen zählt man etwa 10 Mesoporen.

Formen mit derartig ausgebildeten Zoarien können der ab der Kreide bekannten Gattung *Tretocycloecia* CANU 1910 zugeordnet werden. Aus dem österreichischen Tertiär sind bisher 4 Arten beschrieben worden, deren Abmessungen in der Tabelle zusammengestellt sind:

	Durchmesser der Aperturen	Durchmesser der Mesoporen	Zoarium
T. dichotoma (REUSS 1847) Torton	0,10	0,25	einfach gegabelt
T. distincta KÜHN 1955 Burdigal	größer		einfach gegabelt
T. helvetica KÜHN 1955 Helvet	0,09	0,03	variabel (einfach gegabelt etc.)
T. lithothamnoides KÜHN 1925 Burdigal	0,1—0,15	sehr klein	knollenförmig

Von diesen Arten ist *T. helvetica* bisher noch nicht mit Sicherheit aus dem österreichischen Tertiär bekannt. Nach dem Durchmesser der Mesoporen, die nur bei einer Art auffallend klein sind, kann das hiere untersuchte Material zu *Tretocycloecia lithothamnoides* KÜHN gestellt werden. Die abweichende Form des Zoariums ist wohl ökologisch bedingt. *T. lithothamnoides* stammt aus dem Burdigal von „Eggenburg" (ohne nähere Fundortsangabe).

BRACHIOPODA:

Terebratula hoernesi SUESS 1866

1866 *Terebratula hoernesi* — SUESS, p. 102.
1889 *Terebratula hoernesi* — DREGER, p. 188, Taf. 2, Fig. 1—4, Taf. 3, Fig. 11, 12.
1912 *Terebratula hoernesi* — SCHAFFER, p. 193, Taf. 58, Fig. 1—8.

Es liegen Bruchstücke der stark gewölbten Ventralschale vor, mit der typisch dicken Schale und dem starken Mitteljoch. Eines der vorliegenden Exemplare ist extrem groß und mit den großen Formen aus dem Eggenburger Burdigalien von Maissau und Grübern vergleichbar.

Terebratula sp.

Ferner findet sich in Fels am Wagram häufig eine kleine Art, meist doppelklappig, mit einer großen Variationsbreite in der Form des Gehäuses, wobei alle Übergänge vorhanden sind. Es erfolgt keine artliche Bestimmung, da die Gruppe dieser kleinen tertiären Terebratuliden völlig unzureichend bearbeitet ist und die meisten Autoren nur neue Arten beschreiben, ohne auf die ältere Literatur einzugehen. Auch scheinen die meisten Formen eine sehr große Reichweite zu haben. Am nächsten steht die von FABIANI (1913) aus dem italienischen Tertiär beschriebene: *Terebratula guembeli*.

VERMES

Gattung: *Ditrupa* BERKELEY

Ditrupa moldica W. J. SCHMIDT 1955

1955 *Ditrupa moldica* — W. J. SCHMIDT, p. 40.
1955 *Ditrupa moldica* — W. J. SCHMIDT, p. 45, Taf. 4, Fig. 15—18.

Eine relativ große Form, deren Röhre grobe, unregelmäßig verteilte Einschnürungen und flache, seitliche Eindellungen aufweist. Die keulenartige Verdickung ist schwach angedeutet.

Bemerkungen: Die in Fels am Wagram sehr zahlreich auftretende Art, war bisher nur aus dem Burdigalien des Eichberges bei Horn, Niederösterreich, bekannt. Sie unterscheidet sich von *Ditrupa cornea* durch die Einschnürungen und Eindellungen. *Ditrupa transsilvanica*, die MEZNERICS (1944) beschreibt, liegt mir aus Lapugy vor und zeigt eine wesentlich schlankere, mehr gekrümmte, elegante Röhre, deren keulige Verdickung sehr ausgeprägt ist.

Maße: Länge: 19 mm, äußere Röhrendurchmesser: 1,5—2 m.

Decapoda (F. BACHMAYER, Wien):

Es liegen zwei schlecht erhaltene Scherenfinger (ein linker beweglicher, ein linker unbeweglicher) vor, die beide zu *Cancer* sp. gehören. Diese Art ist auch aus den burdigalen Scutellensanden vom Eichberg bei Horn, Niederösterreich, bekannt. (Material im Naturhistorischen Museum in Wien.)

Ostracoda (K. KOLLMANN, Wien):

Auf Ersuchen von Herrn Dr. F. STEININGER unterzog ich die bei einer Exkursion am Makrofossilfundpunkt Dornergraben bei Fels am Wagram aufgesammelten Ostracodenführenden Proben einer erneuten Durchsicht und konnte darin folgende, relativ individuenreiche, mindestens 33 Arten umfassende Fauna feststellen:

1. Die Fauna

- 2 *Cytherella* sp.
- 1 *Cytherella* sp. ? oder *Atjehella* sp. ? (im hinteren Schalenteil 2 warzenartige Auftreibungen)
- 13 *Bythocypris* aff. *arcuata* (von MUENSTER)
- 1 *Bairdia* sp.
- 12 *Schuleridea* (subgen.?) *rhombus* (EGGER)
- 1 *Cuneocythere* sp. oder *Miocyprideis* sp. (Schloß nicht zu beobachten)

       1 *Cytheridea* sp. (schlecht erhalten)
etwa 50 *Cyamocytheridea reversa* (EGGER)
      12 *Cushmanidea**) aff. *lithodomoides* (BOSQUET)
      11 *Cushmanidea cribrosa* (EGGER)
      12 *Neocytherideis gyrata* (EGGER) (Skulptur schlecht erhalten)
       1 *Neocytherideis* aff. *linearis* (ROEMER)
      10 „*Cythereis*"**) *bavaria* (LIENENKLAUS) (unbedeutende Abweichung in der Skulptur von der Ortenburger Form)
       1 „*Cythereis*" sp.
       3 „*Cythereis*" sp.
       1 *Echinocythereis* aff. *scabra* (von MUENSTER)
       9 *Pterytocythereis* sp.
      12 *Aurila* div. sp. (schlecht erhalten)
       4 *Pterygocythere* aff. *cornuta* (ROEMER)
       1 *Leguminocythereis* aff. *scrobiculata* (von MUENSTER)
etwa 20 *Leguminocythereis* sp. (zum größten Teil Larven)
       8 *Triginglymus* = *Leguminocythereis* ? sp.
etwa 55 *Cytherea jurinei ovata* (EGGER) und nahe verwandte, glatte Formen
      18 *Cytherea jurinei semiornata* (EGGER)
       1 *Cytherea divaricata* (EGGER)?
       4 *Loxocythere* sp.
       8 *Callistocythere* (ex gr. *canaliculata* REUSS)
       9 *Loxoconcha* div. sp.
       1 *Cytherura hoplites* (EGGER)
       1 *Paracytheridea* (O.) sp.
       3 *Eocytheropteron eggerianum* (LIENENKLAUS)
       1 *Eucytherura* sp. (verloren)
       3 *Xestoleberis* sp.

2. Ökologische Bemerkungen

Die Fauna spricht auf Grund des relativen Reichtums an Vertretern der Gattung *Schuleridea, Cyamocytheridea, Cushmanidea, Neocytherideis, Cytherideis* und *Cytheretta* für marines Eulitoral. Einige Gattungen sind als ausgesprochen euryhalin bekannt, wie *Bythocypris, Cyamocytheridea, Aurila* und z. T. *Cytheretta*. Umgelagerte brackische und Süßwasserostracoden fehlen vollkommen. Die unmittelbare Nähe von größeren Ästuarien und Lagunen kann daher ausgeschaltet werden.

3. Altersstellung

Durch das Vorkommen von *Schuleridea* (Subgen.?) *rhombus* (EGGER), *Cyamocytheridea reversa* (EGGER), *Cushmanidea cribrosa* (EGGER), *Neocytheridea gyrata* (EGGER) „*Cythereis*" *bavarica* (LIENENKLAUS), *Cytheretta jurinei ovata* (EGGER), *C. jurinei semiornata* (EGGER), *C. divaricata* (EGGER), *Cytherura hoplites* (EGGER), *Eocytheropteron eggerianum* (LIENENKLAUS) sind enge Beziehungen zu den Meeressanden von Ortenburg in Niederbayern gegeben.

Wie aus der von K. KOLLMANN (in A. TOLLMANN 1957) aus Eggenburg bestimmten Ostracodenfauna hervorgeht, konnten sich schon seinerzeit zwischen Eggenburg

---

*) In die Synonymie von *Cushmanidea* BLAKE, 1933, fallen: *Cytherideis* auct. p. p., nicht JONES 1856, *Ponthocythere* DUBOWSKY, 1939, und *Hemicytherideis* RUGIERI, 1952.
**) Die Aufschlüsselung der Gattung *Cythereis* s. l. wird noch einige Zeit in Anspruch nehmen. Derzeit herrscht bei diesem Formenkreis noch keine Klarheit.

und Ortenburg gute faunistische Beziehungen nachweisen lassen, worauf hier jedoch nicht nochmals eingegangen werden soll.

Abgesehen von den zahlreichen Arten, die den Aufschlußgruppen Eggenburg und Fels am Wagram gemeinsam sind, läßt sich der letztgenannte Fundpunkt auf Grund von *Schuleridea* (subgen.?) *rhombus*, zusammen mit den kleinen *Leguminocythereis*-Arten und den Vertretern der Gattung *Cytheretta*, ferner der kleinen, aber sehr charakteristischen Beifauna mit *Loxocythere*, *Eucytherura*, *Eocytheropteron* und *Paracytheridea* mit großer Sicherheit mit dem Komplex der „Liegendtegel und Liegendsande", also dem tiefsten Anteil der Eggenburger Serie, korrelieren.

Die gesamte, offenbar transgressive Schichtfolge von Eggenburg (und somit auch Fels am Wagram) stellte K. KOLLMANN (1960, S. 113) auf Grund der Verhältnisse in der Bohrung Puchkirchen 1 an die Basis des Haller Schliers, womit ein faunistisch begründeter Korrelierungsfixpunkt in den Bohrprofilen geschaffen werden konnte.

Es sei besonders darauf hingewiesen, daß kein einziger, artlich bestimmbarer Ostracode des Fundpunktes Fels am Wagram (und nur ein sehr geringer Bruchteil der Ostracoden von Eggenburg) auch in der Badener Serie des Wiener und Steirischen Beckens persistierend festgestellt werden konnte. Dies zeigt, daß trotz sehr weitgehender übereinstimmender Lebensbedingungen im Litoralbereich eine völlige Umschichtung des Artbestandes zwischen dem tieferen Burdigal und der Zeit der Sedimentation der Badener Serie stattgefunden hat. Dies ist nur eines der vielen Beispiele für die explosive Entwicklung der tertiären Ostracodenstämme und zugleich wohl ein schlagender Beweis für die gute stratigraphische Brauchbarkeit dieser Tiergruppe.

Cirripedia:

In den groben Sanden an der Basis finden sich häufig die isolierten Gehäusetrümmer von großen Exemplaren des *Balanus concavus*, auch Scuta und Terga sind nicht selten. Vollständige Exemplare sind seltener, wenige findet man aufgewachsen auf den Schalen von Pectiniden und Ostreen.

Auf den Pectiniden, Pitarien, Isocardien und Ostreen tritt kolonienweise eine zweite Art auf, die bisher aus dem österreichischen Neogen noch nicht bekannt war. Wahrscheinlich handelt es sich um die Art: *Balanus amphitrite* DARWIN, wie sie aus dem ungarischen Miozän von Budafok (Cap Buda) von KOLOSVÁRY (1919, p. 117; 1952, p. 410) beschrieben wird. Ebenso ist sie aus dem Miozän Frankreichs, Italiens, von Haiti und Neuseeland in viele Unterarten aufgespalten angeführt. Sehr ähnlich ist auch die von KOLOSVÁRY (1950, p. 273, Abb. 3) aus Fótfürdö neu beschriebene Unterart: *Balanus laevis fossilis*, durch die Faltenbildung an der Mauerkrone.

ECHINODERMATA

Asteroidea: Im Schlämmrückstand wurden nicht selten die kubischen Bauteile des Armgerüstes von Asteroiden beobachtet.

Ophiuroidea: wurden selten beim Aussuchen der Mikroproben durch ihre charakteristischen, meist wirbelähnlichen Armglieder festgestellt.

Echinoidea: obwohl Stacheln, glatte, als auch geriefte und abgesetzte, recht häufig auftreten, konnte kein Panzerrest geborgen werden. Die Stacheln sind meist 1—1,5 cm lang, schlank und zugespitzt und könnten nach Vergleichen mit solchen aus den Scutellensanden bei Horn, Niederösterreich, zu *Scutella hoebarti* KUEHN gehören, die auch aus den nahegelegenen Sanden von Obernholz nachgewiesen werden konnte.

VERTEBRATA

Pisces:

Im Rückstand der Schlämmproben fanden sich mehrere Otolithen, die von Herrn Diplomkaufmann E. WEINFURTER freundlicherweise bestimmt wurden. Leider waren sie durch Abrollung und Korrosion sehr schlecht erhalten. Folgende Formen wurden festgestellt:

Serranus noetlingi KOKEN
Trachinus sp.
Dentex latior SCHUBERT
Dentex cf. *gregarius* KOKEN
Gadus sp.
Raniceps sp.

Es handelt sich um die typische Zusammensetzung einer Küstenfauna, wie sie in reschen, sandigen Ablagerungen zu beobachten ist. *Raniceps* sp. ähnelt sehr den aus dem deutschen Oligozän beschriebenen Formen, doch ist er leider zu schlecht erhalten, um eine artspezifische Bestimmung zuzulassen.

Ferner fanden sich mehrere Zähne von Spariden und nicht näher bestimmbare Knochentrümmer.

Faunistisch-stratigraphischer Vergleich mit den neogenen Faunengebieten Europas

Für die altersmäßige Einstufung der Molluskenfauna aus Fels am Wagram mußte die zeitliche Verbreitung der einzelnen Arten berücksichtigt und mit den gleichaltrigen Faunengebieten verglichen werden. Doch stellten sich hier große Schwierigkeiten ein, da von den meisten und bedeutendsten, neogenen Faunengebieten Europas keine modernen, stratigraphischen Bearbeitungen der Molluskenfaunen vorliegen und die Abgrenzung der einzelnen Stufen nicht einheitlich ist. Besonders die Frage des Aquitanien, das nach Beschluß des Comité du Néogène méditerranéen 1959 in Wien dem Miozän zugerechnet werden muß, und seiner Abgrenzung gegen das Chattien und das Burdigalien scheint nicht befriedigend gelöst. Nach den neuesten Untersuchungen scheint eine eindeutige Trennung von Chattien/Aquitanien an Hand von Molluskenfaunen nicht leicht möglich. So wurden z. B. in der als typisch aquitanisch angesehenen Molluskenfauna von Eger (d. h. in Novaj bei Eger) chattische Miogypsinen nachgewiesen (BALDI, KECSKEMET, NYIRÖ & DROOGER [1961] und DROOGER [1961]), während in der als mittelaquitanisch ausgeschiedenen und mit Eger parallelisierten Fauna von Safarikovo (Südslowakei) (VANOVA [1959]) die höher entwickelten aquitanischen Miogypsinen auftreten (PAPP [1960]). Die Trennung dieser beiden Stufen scheint demnach doch nur mittels Großforaminiferen (DROOGER [1960]) und Wirbeltieren möglich (THENIUS [1959]), wonach diese Stufe aber eher dem Oligozän als dem Miozän zugehören dürfte. Ferner tritt auch bei den Mollusken die Mehrzahl der neuen Faunenelemente mit der Transgression des Burdigalien auf, wie im stratigraphischen Teil näher ausgeführt wird.

Am nächstliegenden war der Vergleich mit den etwas NE anschließenden burdigalen Ablagerungen des Eggenburger und Horner Beckens.

1. Die Vorkommen auf der Böhmischen Masse (Eggenburger und Horner Becken)

Bei einem Vergleich der beiden Faunen wurden folgende gemeinsame Arten festgestellt:

Arca grundensis MAYER
Pinna pectinata brocchii D'ORB.
Chlamys gigas plana SCHAFFER
Anomia ephippium aspera PHIL.

Divalinga divaricata rotundoparva SACCO
Chama gryphina LAM.
Laevicardium spondyloides (HAUER)
Pitaria lilacinoides (SCHAFFER)
Venus multilamella LAM.
Lutraria sanna BAST.
Panopea menardi DESH.
Thracia pubescens (PULTENEY)

Patella pseudofissurella SCHAFFER
Diloma amedei (BRONGNIART)
Turritella vermicularis lineolatocincta SACCO
Protoma cathedralis quadricincta SCHAFFER
Neverita olla manhartensis SCHAFFER
Calyptrea depressa LAM.
Calyptrea chinensis L.
Xenophora cumulans transiens SACCO
Latirus valencienesi (GRATELOUP)
Perrona semimarginata (LAM.)

Die beim ersten Blick gering anmutende Zahl von übereinstimmenden Arten erklärt sich aus folgendem: Die aus dem Bereich des Burdigals von Eggenburg beschriebenen Faunen stammen aus den verschiedensten marinen Biotopen, während die Felser Vergesellschaftung einem mehr einheitlichen Lebensraum angehört. Bisher fehlen durch die Fossilisationsbedingungen aus dem Eggenburger Bereich die Kleinformen fast vollständig, die in Fels einen Großteil der Fauna ausmachen. Unter den übereinstimmenden Formen sind gerade die für das östliche Burdigalien bezeichnenden Arten enthalten.

Aus Eggenburg wurden zwei den Felser Ablagerungen entsprechende Komplexe bekannt: die Loibersdorfer Schichten und die Gauderndorfer Tellinensande. Die meisten Arten stimmen mit den an der Basis liegenden Loibersdorfer Schichten überein, und ferner sprechen die großwüchsigen Formen, wie Cardien, Isocardien, Cyprina, Glycymeriden und Lucinen, Naticiden, Turritelliden und Aporrhaiden, für nähere Beziehungen mit diesem Schichtglied. Doch ist eine direkte zeitliche Parallelisation nicht eindeutig möglich, da neben den für die östliche Faunenprovinz typischen Arten des Burdigaliens noch mehrere Reliktformen aus dem jüngeren Oligozän (Chattien/Aquitanien) auftreten, die den Loibersdorfer Schichten fehlen. Darunter finden sich einige neue Arten und Unterarten, die sich direkt von solchen älteren Formen herleiten lassen:

Astarde levigrandis nov. spec.
Dentalium (Antale) kickxi transiens nov. sspec.
Drepanocheilus (Arrhoges) speciosus serus nov. sspec.

Einige dieser jungoligozänen Formen haben sich auch in der westlichen Molassezone Österreichs in chattischen Schichten gefunden. So wird von ELLISON (1940) aus den unteren Melker Schichten *Aporhais speciosus* und *Cyprina rotundata* angegeben. Von GRILL (1935) und ABERER (1957) aus den Linzer Sanden: *Glycymeris menardi, Divaricella* cf. *ornata, Chlamys (Camptonectes) textus* = *Chlamys incomparabilis, Cyprina rotundata* und *Terebratula hoernesi*. Da es sich bei der als *Cyprina rotundata* zitierten Form durchwegs um Steinkerne handelt, ist nur die Gattung gesichert, denn die Unterscheidung der einzelnen Arten ist selbst bei gut erhaltenen Exemplaren recht schwierig.

Es ist daher für die Fauna von Fels am Wagram eine im Zeitprofil etwas tiefer gelegene Position anzunehmen als für die Eggenburger Fauna (Loibersdorfer Schichten).

Die ebenfalls in der westlichen Molassezone gelegenen Burdigalvorkommen, der Phosphoritsand-Horizont fossilführend bei Plesching, Oberösterreich, und der **untere Haller Schlier**, geben beide keinerlei Anhaltspunkte, da es sich um andere Biotope handelt und nur wenige Makrofossilien daraus bekannt sind.

2. Niederbayern und Oberbayern

Die aus dem Raum von Ortenburg (Niederbayern) bekannt gewordene Burdigalfauna wird hauptsächlich von Pectiniden und Ostreen gebildet, während die meisten Aragonitschaler, durch die Fossilisation bedingt, ausfallen. Dennoch zeigt sich eine ähnliche Zusammensetzung mit den für das östliche Mediterrangebiet typischen Arten:

Glycymeris pilosa deshayesi (MAYER)
Chlamys gigas (SCHLOTH.)
Anomia ephippium L.
Laevicardium kübecki (HAUER)
Pitaria lilacinoides (SCHAFFER)
Lutraria sanna BAST.
Panopea menardi DESH.

Enge Beziehungen zeigt die Fauna aus Fels am Wagram mit den Oberbayerischen Vorkommen, besonders mit jenem aus dem Kaltenbachgraben, dessen Fauna von HOELZL (1958) monographisch bearbeitet wurde. Nachfolgend die Liste der in den beiden Vorkommen gemeinsam auftretenden Arten und Unterarten:

Nucula laevigata SOW.
Leda guembeli HOELZL
Glycymeris pilosa deshayesi (MAYER)
Glycymeris cor (LAM.)
Pinna pectinata brocchii D'ORB.
Chlamys incomparabilis RISSO
Chlamys gigas plana SCHAFFER
Anomia ephippiumaspera PHIL.
Astarte grateloupi DESH.
Isocardia subtransversa major HOELZL
Divalinga divaricata rotundoparva SACCO
Saxolucina bellardiana (MAYER)
Lucinoma borealis L.
Eomiltha transversa (BRONN)
Cardium edule greseri (MAYER) WOLFF
Cardium grande HOELZL
Pitaria lilacinoides (SCHAFFER)
Venus aquitanicus (COSSM.)
Venus multilamella LAM.
Lutraria sanna BAST.
Cyrtodaria neuvillei COSSM. & PEYR.
Arcopagia subelegans D'ORB.
Angulus nysti pseudofallax HOELZL
Panopea menardi DESH.
Pholas cf. *desmoulinsi* BENOIST
Thracia pubescenes (PULTN.)

Diloma amedei (BRONG.)
Turbonilla costellata (GRATEL.)
Niso terebellum postburdigalensis SACCO
Turritella vermicularis lineolatocincta SACCO
Protoma cathedralis quadricincta SCHAFFER
Calyptrea depressa LAM.
Calyptrea chinensis L.
Xenophora cumulans transiens SACCO
Drepanocheilus speciosus megapolitana BEYRICH
Perronia semimarginata (LAM.)
Ringicula auriculata paulucciae MORLOT
Roxania elongata GRATEL.
Scaphander lignarius grateloupi (MICH.)

Die Übereinstimmung der beiden Faunen geht so weit, daß sogar einige der von HOELZL neubeschriebenen Arten und Unterarten, wie: *Leda guembeli, Isocardia subtransversa major, Cardium grande* und *Angulus nysti pseudofallax*, auch aus Fels am Wagram nachgewiesen werden konnten. Die meisten gemeinsamen Formen stammen aus dem basalen Burdigalien des Kaltenbachgrabens (18 Arten) oder dem Aquitanien (14 Arten), während sich die restlichen 9 Arten im oberen Burdigalien (5 Arten) finden, oder vom Aquitanien bis zum Helvetien durchlaufen.

Durch den Vergleich wird nicht nur die enge stratigraphische Beziehung der beiden Faunen aufgezeigt, sondern es muß auch eine enge palaeogeographische Verbindung angenommen werden.

3. Die östlichen Mediterrangebiete: Slowakei, Ungarn und Siebenbürgen

Durch die letzten Arbeiten von ČTYROKY (1959, 1960) und SENEŠ (1959, 1960) wurden die im kleinen Donaubecken (siehe BUDAY [1960]) liegenden fossilreichen Burdigalvorkommen des Waagtales modern bearbeitet. Sie zeigen eine östliche Fortsetzung der Faunenvergesellschaftung, wie sie HOELZL (1958) aus Oberbayern bekannt machte und wie sie hier aus Fels am Wagram beschrieben wird. Folgende gemeinsame Arten konnten festgestellt werden:

Nucula laevigata SOW.
Glycymeris pilosa deshayesi (MAYER)
Pinna pectinata brocchii D'ORB.
Chlamys gigas SCHLOTHEIM
Anomia ephippium aspera PHIL.
Isocardia subtransversa D'ORB.
Divalinga divaricata rotundoparva SACCO
Pitaria lilacinoides (SCHAFFER)
Venus multilamella LAM.
Spisula subtruncata triangula RENIER
Lutraria sanna BAST.
Angulus nysti pseudofallax HOELZL
Panopea menardi DESH.
Thracia pubescens (PULTN.)

Diloma amedei (BRONG.)
Turritella vermicularis lineolatocincta SACCO
Protoma cathedralis quadricincta SCHAFFER

Lunatia catena helicina (BROCCHI)
Calyptrea chinensis L.
Drepanocheilus speciosus megapolitana BEYRICH

Aus Fels am Wagram liegen ferner noch einige Arbeiten vor, die aus dem kleinen Donaubecken aus den Faunen von Kovácov (SENEŠ [1958]) und dem Gebiet von Darmoty (SENEŠ [1952]) beschrieben wurden. SENEŠ stellt diese beiden Vorkommen im Vergleich mit Eger ins Aquitanien. Bei den gemeinsam auftretenden Arten, wie *Nucula laevigata* SOW., *Glycymeris pilosa deshayesi* (MAYER), *Astarte grateloupi* DESH., *Saxolucina bellardiana* (MAYER), *Lucinoma borealis* L., *Eomiltha transversa* (BRONN), ? *Pitaria lilacinoides* (SCHAFFER)? und *Venus multilamella* LAM., handelt es sich fast durchwegs um lang persistierende Arten, die auch aus dem oberbayerischen Burdigalien des Kaltenbachgrabens vorliegen. Dadurch werden aber die engen Beziehungen der Faunenentwicklungen dieser Fundorte noch deutlicher unterstrichen und die altersmäßige Einstufung von Fels am Wagram gerechtfertigt.

Aus dem Südslowakischen Becken wurden auf ungarischem Gebiet die Burdigalfaunen aus dem Braunkohlenrevier der Umgebung von Salgótarián (CSEZREGHY-MEZNERICS [1953]) und Egercsehi-Ózd (CSEPREGHY-MEZNERICS [1959]) und der Umgebung von Budapest, besonders die Schichten von Budafok, immer mit den Eggenburger Schichten parallelisiert. Mit dem Felser Vorkommen sind daher auch nur die wenigen für das östliche Burdigalien typischen autochthonen Arten gemeinsam:

Pinna pectinata brocchii D'ORB.
Chlamys gigas SCHLOTH.
Anomia ephippium aspera PHIL.
Divarlinga divaricata rotundoparva SACCO
Pitaria lilicinoides (SCHAFFER)
Lutraria sanna BAST.
Panopea menardi DESH.
Pholas desmoulinsi BENOIST
Diloma amedei (BRONG.)
Protoma cathedralis quadricincta SCHAFFER
Calyptrea chinensis L.

Als Aquitanfaunen dieses Gebietes wurden vor allem Eger und die von VANOVA (1959) aus der Umgebung von Safarikova (ČSR) neu beschriebene Molluskenfauna angesehen. Da die Altersstellung von Safarikova (Bretka) als Aquitanien nun auch von PAPP (1960) durch die Entwicklungsreihe von Miogypsinen (*M. gunteri* zu *M. tani*) gestützt wurde, sei diese Fauna als Bezugspunkt für das Aquitanien der östlichen Mediterrangebiete genommen. Vor allem auch deswegen, da gerade in neuerer Zeit die Frage, ob die Molluskenfauna von Eger (und Novaj) dem Chattien oder Aquitanien zuzurechnen ist, viel diskutiert wird (siehe BALDI, T.; KECSKEMETI, T.; NYIRÖ, M. R. & DROOGER, C. W. 1961 und Schrifttum). Die Felser Fauna besitzt mit der von Safarikova nur wenige gemeinsame Elemente, wie *Chlamys incomparabilis* RISSO, die aus dem Oligozän kommt und in Deutschland und Österreich bis ins Burdigalien reicht, *Lucinoma borealis* L., *Laevicardium sandbergeri* GUEMBEL und *Lutraria sanna* BAST., die alle auch aus dem bayerischen Chattien/Aqquitanien bekannt sind und bis ins basale Burdigalien reichen.

In Siebenbürgen zeigen besonders die Fundstellen in der Umgebung von Cluj (Klausenburg), Hidalmás und Korod nähere Beziehungen zu unserem Vorkommen. Leider liegt keine moderne Bearbeitung des Materials vor, und es müßte auf die Arbeiten von HAUER (1847), FUCHS (1885) und KOCH (1900) zurückgegriffen werden. Auch HOELZL (1958) betont die große Übereinstimmung dieser Faunen mit der des basalen Burdigaliens des Kaltenbachgrabens.

4. Südliche Faunengebiete: Piemontesisch-Ligurisches Becken (Oberitalien)

Der stratigraphisch ausgerichtete Vergleich über die zeitliche Verbreitung der einzelnen Molluskenarten im Neogen des Piemontesisch-Ligurischen Beckens gestaltete sich durch das Fehlen einer modernen horizontweisen Bearbeitung der einzelnen Profile äußerst schwierig und unsicher.

Ausgehend von den Vorkommen mit Miogypsinen in den südlich von Turin gelegenen Hügeln „Colli Torinesi" hat DROOGER (1954) einige Profile aufgenommen, deren Stratigraphie von DROOGER, PAPP & SOCIN (1957) mit Orbulinen in die jüngeren miogypsinenfreien Serien weiterverfolgt wurde. So wurden in dem klassischen Profil von Supergo nach Baldissero, in einer Schichtserie, die früher einheitlich als „Elvetiano" ausgeschieden war, beim Croce Berton *Miogypsina irregularis* und *M. intermedia* charakteristisch für Burdigalien (= Eggenburger Serie nach KAPOUNEK, PAPP & TURNOVSKY [1960]), darüber eine Zone mit *Globigerinoides bisphaerica* = oberes „Helvetien" = (Laaer Serie nach KAPOUNEK, PAPP & TURNOVSKY) und dann nördlich bis Baldissero *Orbulina suturalis* = „Tortonien" = (Badener Serie nach KAPOUNEK, PAPP & TURNOVSKY [1960]) nachgewiesen.

Da nun ein Großteil der aus Fels am Wagram bekannten Molluskenarten auch von SACCO aus dem Piemontesisch-Ligurischen Becken zitiert werden, seien die gemeinsamen Arten hier angeführt:

+ *Arcopsis lactea* L.
+ *Glycymeris pilosa deshayesi* (MAYER)
   Pinna pectinata brocchii D'ORB.
   Chlamys bruei PAYRAUDEAU
   Chlamys incomparabilis RISSO
+ *Saxolucina bellardiana* (MAYER)
+ *Lucinoma borealis* L.
   Divalinga divaricata rotundoparva SACCO
+ *Eomiltha transversa* (BRONN)
   Chama gryphina LAM.
+ *Laevicardium spondyloides* (HAUER)
+ *Venus multilamella* LAM.
   Spisula subtruncata triangula RENIER
+ *Lutraria sanna* BAST.
   Arcopagia subelegans D'ORB.
+ *Panopea menardi* DESH.
   Saxicava arctica L.
   Thracia pubescens (PULTN.)
   Emarginula reticulata SOW.
   Gibbula biangulata porella (de GREGORIO)
+ *Diloma amedei* (BRONG.)
+ *Pyramidella pliocosa* BRONG.
   Niso terebellum postburdigalensis SACCO
   Alvania venus (D'ORB.)
   Alvania montagui ampulla (EICHWALD)
+ *Cerithiopsis bilineata* (HOERNES)
+ *Triphora perversa* (L.)
   Sandbergeria perpusilla (GRATEL.)
+ *Turritella vermicularis lineolatocincta* SACCO
+ *Petaloconchus intortus woodi* MOERCH
   Burtinella subnummulus SACCO

Lunatia catena (da COSTA)
Lunatia catena helicina (BROCCHI)
+ *Calyptrea chinensis* L.
Latirus valencienesi (GRATEL.)
Perronea semimarginata (LAM.)
+ *Ringicula auriculata paulucciae* MORLOT
+ *Scaphander lignarius grateloupi* (MICHELOTTI)

Mit einem Kreuz (+) wurden die Arten versehen, die nach den Angaben SACCOs aus dem Elvetiano der Umgebung von Baldissero stammen. Es wird dabei angenommen, daß sie in den Sanden beim Croce Berton, also dem mit Miogypsinen belegten Burdigalien auftreten.

Die Annahme von HOELZL (1958), daß die von SACCO mit der Ortsbezeichnung „Colli Torinesi" versehenen Arten, oder immer ein Teil des Elvetiano, das Burdigalien repräsentieren, ist nicht allgemein gültig.

5. Südwesteuropäische Faunengebiete: Rhônebecken und Becken von Bordeaux (Bordelais, Bazadais und Agenais)

In der aus dem Rhônebecken und der Provence bekannt gewordenen burdigalen Fauna, die von MONGIN (1952 und teilweise 1956) neu bearbeitet wurde, finden sich nur wenige und nicht sehr typische Formen, die mit der Fauna aus Fels am Wagram übereinstimmen (vgl. auch: DEMARQ (1958, 1959, 1960).

Neben den Faunen aus Oberbayern (Kaltenbachgraben), Eggenburg und der westlichen Slowakei (Waagtal) sind besonders die aus dem Typusgebiet des Aquitanien und Burdigalien im Becken von Bordeaux durch die große Monographie von COSSMANN & PEYROT (1909—1924) beschriebenen Faunen für unser Vorkommen von größter Bedeutung.

Im Sommer 1961 konnte ich die Typuslokalitäten um Bordeaux besuchen und dort Vergleichsaufsammlungen durchführen. Besonders die Lokalität Leognan (hinter dem Grundstück Le Coquillat) zeigte auch nahezu dieselbe Lithofazies und eine sehr ähnliche Faunenvergesellschaftung, wie sie in Fels am Wagram angetroffen wurde. Es wurde dort unter etwa 30 cm gelblichem, mehligem Sand eine mit Makrofauna angereicherte Schicht angefahren, deren artliche Zusammensetzung der Felser Fauna entspricht, wobei hier auch ein Großteil der Kleinfauna ausgesiebt wurde.

Arca grundensis MAYER
Arcopsis lactea L.
Glycymeris pilosa deshayesi (MAYER)
+ *Septifer saccoi* COSSM. & PEYR.
Pinna pectinata brocchii D'ORB.
Lima subauriculata inframiocaenica COSSM. & PEYR.
Ostrea sacyi COSSM. & PEYR.
Astarte grateloupi DESH.
Beguina crassa parva SIEBER
Cyprina girondica BENOIST
Coralliophaga transsilvanica HOERNES
Anisodonta biali COSSM. & PEYR.
+ *Saxolucina bellardiana* (MAYER)
Lucinoma borealis L.
Eomiltha transversa (BRONN)
Chama gryphina LAM.
- *Venus aquitanicus* (COSSM.)

Lutraria sanna BAST.
Cyrtodaria neuvillei COSSM. & PEYR.
Arcopagia subelegans D'ORB.
Panopea menardi DESH.
Saxicava arctica L.
Pholas desmoulinsi BENOIST
Haliotis sp.
Emarginula dujardini DOLLF. & DAUTZBG.
+ *Gibbula biangulata porella* (de GREGORIO)
Diloma amedei (BRONG.) = *D. burdigalensis*
Solariorbis trigonostoma (BAST.)
Phasianella dollfusi COSSM. & PEYR.
Phasianella millepunctata BENOIST
Pyramidella plicosa BRONN
Turbonilla spiculoides COSSM. & PEYR.
Turbonilla costallata (GRATEL.)
Niso terebellum postburdigalensis SACCO
Alvania venus (D'ORB)
+ *Bittium benoisti* COSSM. & PEYR.
Cerithiopsis bilineata (HOERNES)
Triphora perversa (L.)
Triphora papaveracea inflexicostata COSSM. & PEYR.
Sandbergeria perpusilla (GRATEL.)
Petaloconchus intortus woodi MOERCH
+ *Burtinella subnummulus* SACCO
Capulus merignacensis COSSM. & PEYR.
Calyptrea depressa LAM.
Erato cypraeola gallica SCHILDER
Perrona semimarginata (LAM.)
Ringicula auriculata paulucciae MORLOT
Atys miliaris BROCCHI
Retusa clathrata (DEFR.)
Cylichna cylindracea (PENNANT)
Roxania elongata GRATEL.
Scaphander lignarius grateloupi (MICHELOTTI)

Die mit einem Kreuz (+) bezeichneten Formen sind aus dem SW-französischen Becken nur aus dem Aquitanien bekannt.

Daneben wurden noch mehrere Formen bekannt, die in den östlichen Faunengebieten und in Fels am Wagram schon im Burdigalien oder älteren Stufen auftreten, im Becken von Bordeaux aber erst mit der Transgression des Helvetiens verbreitet sind, z. B.: *Divalinga divaricata rotundoparva, Laevicardium spondyloides, Venus multilamella, Thracia pubescens* und andere.

6. Das Nordsee-Becken

Nach den neuesten Untersuchungen über die stratigraphische Einstufung der miozänen Ablagerungen im Nordseebecken, besonders durch K. GRIPP, H. J. ANDERSON und E. DITTMER, wurde die Fauna der Hemmoorer-Stufe z. T. mit den Faunen des Anversien und Houthaléen des Peelgebietes und dem oberen Girundien (= Burdigalien) gleichgesetzt. Die von KAUTSKY (1925) angenommene direkte Meeresverbindung mit dem Miozän des

Wiener Beckens wird durch die neuen horizontierten Aufsammlungen und modernen Faunenbearbeitungen eindeutig widerlegt. Wohl finden sich in beiden Faunen mehrere gemeinsame Arten, doch setzt sich diese Zahl größtenteils aus Durchläufern zusammen, die meist schon im Oligozän auftreten, wie:

Nucula laevigata
Pinna pectinata
Lucinoma borealis
Panopea menardi
Saxicava arctica
Triphora perversa
Lunatia catena-Gruppe
Calyptrea chinensis
Drepanocheilus speciosus megapolitana
Scaphander lignarius grateloupi

Dies wurde auch schon von HOELZL (1958) für das Burdigalien des Kaltenbachgrabens in Oberbayern festgestellt, wo sich ebenfalls eine große Anzahl aus dem Oligozän persistierender Formen finden, die auch noch im Burdigalien der Stufe von Hemmoor auftreten.

Eine zweite Gruppe bilden Arten, die mit der Transgression des Budigaliens in fast allen Neogenen Faunengebieten Europas auftreten und nach ANDERSON und DITTMER auch in der Stufe von Hemmoor vorkommen, wie z. B.:

Venus multilamella   *Eulimella hoernesi*
Spisula subtruncata triangula   *Tornus trigonostoma*
Calliostoma laureatum   *Cylichna cylindracea*

Cancellaria umbilicaris pluricostata KAUTSKY, die als einzelnes Exemplar in Fels am Wagram gefunden wurde, konnte bisher nur aus der Stufe von Hemmoor durch KAUTSKY (1925) und neuerlich durch DITTMER (1959) aus Schleswig-Holstein sowie aus dem Miozän des Peelgebietes nachgewiesen werden.

Es wird dadurch die Ansicht von ANDERSON bestätigt, daß während des tieferen Miozäns keinerlei Faunenaustausch durch eine direkte Meeresverbindung mit dem östlich gelegenen Miozänvorkommen, besonders mit denjenigen der Alpenvorlandmolasse, bestanden hat.

Stratigraphische Ergebnisse und Einstufung

Der eingehenden Beschreibung der Molluskenfauna von Fels am Wagram war als stratigraphisches Ziel die Stellung innerhalb der bekannten Burdigalen Faunen gesetzt. Dies soll in der folgenden Übersichtstabelle 1 mit der Zusammenstellung der aus unserem Fundpunkt bekannt gewordenen Arten und Unterarten und ihrem Auftreten in den europäischen neogenen Sedimentationsgebieten veranschaulicht werden.

Wie aus der Übersichtstabelle hervorgeht, finden sich neben einigen autochthonen Elementen, mehrere Formen, die von HOELZL (1958) erstmals aus dem Vorkommen Kaltenbachgraben in Oberbayern beschrieben wurden. Daneben treten mehrere Arten auf, die für das östliche Mediterrangebiet typisch sind. Besonders hervortretend sind solche, die bisher nur aus SW-Frankreich bekannt waren.

Das Bild der Fauna gleicht der des Kaltenbachgrabens, da sich auch in Fels am Wagram neben oligozänen Reliktformen und Übergangsformen (bzw. Endformen), wie:

Astarte levigrandis nov. spec.
Dentalium kickxi transiens nov. sspec.
Drepanocheilus speciosus serus nov. sspec.

Tabelle 1. Übersicht der bisherigen stratigraphischen und räumlichen
Verbreitung der Felser Fauna

	Österreich				Oberbayern				östl. Mediterrangeb.				SW-Frankreich			
	Ch. A.	B.	H.	T.	Ch. A.	B.	H.		Ch. A.	B.	H.	T.	A.	B.	H.	T.
Lamellibranchiata:																
+*Nucula laevigata* SOWERBY						—	—			—	—					
+*Leda (L.) guembeli* HOELZL						—	—			—	—					
Arca grundensis MAYER		—	—							—				—		
Arcopsis lactea L.			—							—				—	—	
Glycymeris (Gl.) pilosa deshayesi (MAYER)		?—								—				—		
Glycymeris (Gl.) cor (LAM.)		?—												—		
Mytilus (sp.)														—		
+*Septifer saccoi* COSSMANN & PEYR.														—		
Pinna (Atrina) pectinata brocchi D'ORB.										—	—			—		
Chlamys bruei PAYRAUDEAU		—	—													
Chlamys incomparabilis RISSO	—									—						
Chlamys gigas plana SCHAFFER										—						
Lima (L.) subauriculata? inframiocaenica COSSM. & PEYR.			?—													
Anomia (A.) ephippium aspera PHIL.										—				—		
+*Ostrea sacyi* COSSMANN & PEYROT										—	—			—		
+*Astarte (Tridonta) grateloupi* DESH.										—	—			—		
+*Astarte levigrandis* nov. spec.																
Beguina (Mytilicardita) crassa parva SIEBER		—														
+*Isocardia subtransversa major* HOELZL										—	—					
+*Cyprina girondica* BENOIST	?—													—		
Coralliophaga transsilvanica HOERN.										—						
+*Anisodonta biali* COSSM. & PEYR.										—				—		
Saxolucina (M.) bellardiana MAYER		—	—							—				—		
Lucinoma borealis L.		—												—		
Lucinoma barrandei MAYER		—												—		
Divalinga divaricata rotundoparva SACCO		—												—		
Eomiltha (G.) transversa (BRONN)		?—	—							—				—		
Chama gryphina LAM.		—												—		
+*Laevicardium (L.) sandbergeri* GUEMBEL						—	—									
Laevicardium (D.) spondyloides (HAUER)		—								—						
Cardium (C.) ritter-gulderi nov. spec.																
+*Cardium (C.) edule greseri* (MAYER) WOLFF						—	—									
Cardium (C.) edule felsense nov. sspec.																
+*Cardium grande* HOELZL		—														
Cardium grande tereticostales nov. sspec.																
Pitaria lilacinoides (SCHAFFER)										—						
+*Venus aquitanica* (COSSMANN)										—				—		
Venus multilamella LAM.		—												—		
Venus juv. spec.																
Spisula subtruncata triangula REN.		—														
Lutraria sanna BASTEROT		—												—		
+*Cyrtodaria neuvillei* COSSM. & PEYR.						—	—									
+*Arcopagia subelegans* D'ORB.										—				—		
+*Angulus nysti pseudofallax* HOELZL						—	—									
Panopea menardi DESH.		—														
Saxicava arctica L.		—														
+*Pholas desmoulinsi* BENOIST		—												—		
Thracia (C.) pubescens (PULTENEY)		—												—		
Scaphopoda:																
Dentalium (A.) kickxi transiens nov. sspec.																

(Fortsetzung von Tabelle 1)

	Österreich				Oberbayern			öslt. Mediterrangeb.				SW-Frankreich			
	Ch. A.	B.	H.	T.	Ch. A.	B.	H.	Ch. A.	B.	H.	T.	A.	B.	H.	T.
Gastropoda:																
Haliotis spec.														——		
+*Emarginula dujardini* DOLLF. & DAUTZ. . .														——		
+*Emarginula reticulata* SOW.																——
Patella pseudofisurella SCHAFFER	——															
+*Calliostoma (A.) laureatum* (MAYER)														——		
Gibbula biangulata porella (GREG.)		——														
Diloma (O.) amedei (BRONGNIART)		——				——			——					——		
+*Phasianella dollfusi* COSSM. & PEYR.														——		
+*Phasianella millepunctata* BENOIST																——
+*Pyramidella plicosa* BRONN			?——													
+*Eulimella hoernesi* v. KOENEN														——		
+*Turbonilla spiculoides* COSSM. & PEYR.														——		
Turbonilla costellata (GRATELOUP)							——		——							
+*Niso terebellum postburdigalensis* SACCO	?——															
Alvania venus (D'ORB.)		——														
Alvania montagui ampulla (EICHWALD) . . .																
+*Tornus trigonostoma* (BASTEROT)	——													——		
+*Bittium benoisti* COSSM. & PEYR.														——		
Cerithiopsis (D.) bilineata (HOERNES)	——															
Triphora perversa L.	——															
+*Triphora papaveracea inflexicostata* COSSM. & PEYR.														——		
Sandbergeria perpusilla (GRATELOUP)						——								——		
Turritella (H.) vermicularis lineolatocincta SACCO	——				——											
Protoma cathedralis quadricincta SCHAFFER..	——															
Petaloconchus intortus woodi MOERCH	——													——		
+*Burtinella* cf. *subnummulus* SACCO														——		
Neverita olla manhartensis SCHAFFER	——				——											
Lunatia catena (da COSTA)	——				——											
Lunatia catena helicina (BROCCHI)					——			——								
+*Lunatia catena johannae* (MAYER)														——		
+*Capulus merignacensis* COSSM. & PEYR.														——		
Calyptrea depressa LAM.	——	——														
Calyptrea chinensis L.	——															
Xenophora cumulans SACCO					——											
+*Drepanocheilus (A.) speciosus megapolitana* BEYRICH					——											
+*Drepanocheilus (A.) speciosus serus* nov. sspec.	——															
+*Erato cypraeola gallica* SCHILDER														——		
Ficus sp.	——															
Latirus valencienesi GRATELOUP														——		
+*Cancellaria (T.) umbilicaris pluricostata* KAUTSKY	——															
Perrona semimarginata (LAM.)					——									——		
Ringicula auriculata paulucciae MORLOT	——															
Atys miliaris BROCCHI	——															
Retusa (C.) clathrata (DEFRANCE)	?——													——		
Cylichna cylindracea (PENNANT)	——													——		
+*Roxania elongata* (GRATELOUP)					——									——		
Scaphander lignarius grateloupi (MICHELOTTI)	?——															

Die mit einem (+) Kreuz versehenen Arten wurden hier erstmals aus dem österreichischen Neogen beschrieben.

Tabelle 2. Zeitliches Auftreten der einzelnen Arten
im Neogen

	Oligozän	Miozän		
	Chattium/ Aquitanium	Burdi- galium	„Hel- vetium"	„Tor- tonium"
Laevicardium sandbergeri GUEMBEL	— — —	— — —		
Phasianella dollfusi COSSM. & PEYR.	— — —	— — —		
Nucula laevigata SOWERBY	•—•—•—	•—•—•		
Septifer saccoi COSSM. & PEYR.	•—•—	•—•—•		
Chlamys incomparabilis RISSO	•—•—•	•—•—•		
Lima subauriculata? inframiocaenica COSSM. & PEYR.	•—•—	•—•—•	....	....?
Astarte levigrandis nov. spec.	Vorfahren •—	•—•—•		
Arcopagia subelegans D'ORB.		•—•—•		
Dentalium (A.) Kickxi transiens nov. subspec.	Vorfahren •—	•—•—•		
Emarginula dujardini DOLLF. & DAUTZ.		•—•—•		
Diloma (O.) amedei (BRONGNIART)		•—•—•		
Phasianella dollfusi COSSM. & PEYR.		•—•—•		
Turbonilla spiculoides COSSM. & PEYR.		•—•—•		
Bittium benoisti COSSM. & PEYR.		•—•—•		
Triphora papaveracea inflexicostata COSSM. & PEYR.		•—•—•		
Burtinella cf. *subnummulus* SACCO		•—•—•		
Drepanocheilus (A.) speciosus megapolitana BEYRICH	—•—•—•—	•—•—•		
Drepanocheilus (A.) speciosus serus nov. subspec.	Vorfahren •—	•—•—•		
Perrona semimarginata (LAM.)		•—•—•		
Roxania elongata GRATELOUP	•—•—	•—•—•		
Glycymeris (Gl.) cor (LAM.)	?	————		
Mytilus sp.		————		
Chlamys gigas plana SCHAFFER		————		
Ostrea sacyi COSSM. & PEYR.		————		
Isocardia subtransversa major HOELZL		————		
Cyprina girondica BENOIST		————		
Coralliophaga transsilvanica HOERN.		————		
Anisodonta biali COSSM. & PEYR.		————		
Lucinoma barrandei MAYER		————		
Cardium ritter-gulderi nov. spec.		————		
Cardium edule greseri (MAYER) WOLFF		————		
Cardium edule felsense nov. spec.		————		
Cardium grande HOELZL		————		
Cardium grande tereticostales nov. subspec.		————		
Pitaria lilacinoides SCHAFFER	?••	————		
Lutraria sanna BASTEROT		————		
Cyrtodaria neuvillei COSSM. & PEYR.		————		
Angulus nysti pseudofallax HOELZL		————		
Thracia pubescens (PULTENEY)		————	..?	
Haliotis sp.		————		
Patella pseudofisurella SCHAFFER		————		
Calliostoma laureatum (MAYER)...................		————	....	..
Eulimella hoernesi v. KOENEN	?•	————	..?	
Tornus trigonostoma (BASTEROT)		————		
Turritella (H.) vermicularis lineolatocincta SACCO		————		
Protoma cathedralis quadricincta SCHAFFER	?•	————		
Neverita olla manhartensis SCHAFFER		————		
Capulus merignacensis COSSM. & PEYR.		————		
Calyptrea depressa LAM.		————	......	•?

(Fortsetzung von Tabelle 2)

	Oligozän	Miozän		
	Chattium/ Aquitanium	Burdi- galium	„Hel- vetium"	„Tor- tonium"
Xenophora cumulans SACCO	?•			
Ficus sp.				
Latirus valencienesi GRATELOUP				
Beguina (Mytilicardita) crassa parva SIEBER			•?	
Divalinga divaricata rotundoparva SACCO			•?	
Laevicardium spondyloides (HAUER)			•?	
Venus aquitanica (COSSMANN)			•?	
Leda guembeli HOELZL				
Chlamys bruei PAYRAUDEAU				•?
Anomia (A.) ephippium aspera PHIL.			···?	
Chama gryphina LAM.			··?	
Venus juv. spec.				
Pholas desmoulinsi BENOIST				
Emarginula reticulata SOW.				
Gibbula biangulata porella (GREG.)				··?
Phasianella millepunctata BENOIST				
Pyramidella plicosa BRONN				··?
Niso terebellum postburdigalensis SACCO				··?
Alvania venus (D'ORB.)				
Lunatia catena (da COSTA)			•?	
Lunatia catena helicina (BROCCHI)			•	•?
Lunatia catena johannae (MAYER)				
Erato cypraeola gallica SCHILDER				··?
Arca grundensis MAYER				
Glycimeris pilosa deshayesi (MAYER)				
Eomiltha (G.) transversa (BRONN)				
Spisula subtruncata triangula REN.	?•			
Turbonilla costellata (GRATELOUP)				
Alvania montagui ampulla (EICHWALD)				
Petaloconchus intortus woodi MOERCH				
Cancellaria (T.) umbilicaris pluricostata KAUTSKY				
Atys miliaris BROCCHI				
Cylichna cylindracea (PENNANT)				
Arcopsis lactea L.		•—•—•	•—•—•	•—•—•
Pinna (A.) pectinata brocchi D'ORB.	•—•—•	•—•—•	•—•—•	•—•—•
Astarte (Tr.) grateloupi DESH.	•—•—•	•—•—•	•—•—•	•—•—•
Saxolucina (M.) bellardiana MAYER	•—•—•	•—•—•	•—•—•	•—•—•
Lucinoma borealis L.	•—•—•	•—•—•	•—•—•	•—•—•
Venus multilamella	•—•—•	•—•—•	•—•—•	•—•—•
Panopea menardi DESH.	•—•—•	•—•—•	•—•—•	•—•—•
Saxicava arctica L.	•—•—•	•—•—•	•—•—•	•—•—•
Cerithiopsis (D.) bilineata (HOERNES)	•—•—•	•—•—•	•—•—•	•—•—•
Triphora perversa L.	•—•—•	•—•—•	•—•—•	•—•—•
Sandbergeria perpusilla (GRATELOUP)	•—•—•	•—•—•	•—•—•	•—•—•
Calyptrea chinensis L.	•—•—•	•—•—•	•—•—•	•—•—•
Ringicula auriculata pauluciae MORLOT	•—•—•	•—•—•	•—•—•	•—•—•
Retusa (C.) clathrata (DEFR.)	•—•—•	•—•—•	•—•—•	•—•—•
Scaphander lignarius grateloupi (MICHELOTTI)	•—•—•	•—•—•	•—•—•	•—•—•

typische burdigale Elemente finden und Formen, die sonst nur aus dem Helvetien oder sogar aus dem Torton bekannt waren. Dabei konnten bei einigen speziell aus dem österreichischen Neogen systematisch gut durchgearbeiteten Gruppen, wie z. B. die Bullaceen (BERGER [1953]) oder die Ringiculiden (BERGER [1954]), die bisher fehlenden, aber vermutlich burdigalen Formen nachgewiesen werden.

Bei der Auswertung der einzelnen Arten fanden sich 96 stratigraphisch verwertbare Formen, die sich folgendermaßen verteilen (siehe auch Tabelle 2):

Im Chattien/Aquitanien und Burdigalien	20 Arten (davon 2 Arten, die bisher nur im Chattien/Aquitan.)
auf das Burdigalien beschränkt	36 Arten
Burdigalien—Helvetien (z. T. noch Torton.)	25 Arten
Miozäne (z. T. schon aus dem Oligozän kommende) Durchläufer	15 Arten
	96 Arten

Aus dem Oligozän (d. h.: Chattien/Aquitanien) wurden nur 2 Arten bekannt, die anderen finden sich noch im Neogen. Damit scheidet ein chatt./aquitanes Alter von vornherein aus. Die große Fauneningression setzt mit dem Beginn des Burdigalien ein: 61 Arten, das sind mehr als 50% der Fauna (die miozänen Durchläufer **nicht** miteingerechnet), treten zu den älteren Faunenelementen hinzu. Nahezu $^2/_3$ davon fanden sich bisher nur in burdigalen Ablagerungen. Diese Zusammensetzung der Fauna scheidet im Zusammenhang mit den durchgeführten Vergleichen jede Möglichkeit aus, ein anderes Alter als Burdigalien für die Ablagerungen aus Fels am Wagram anzunehmen.

Diese stratigraphische Einstufung wird sowohl durch die Foraminiferen- als auch durch die Ostracodenfauna bestätigt. Obwohl der größte Teil des Artbestandes der Foraminiferen-Fauna keine stratigraphischen Aussagen zuläßt, konnten durch morphogenetische Untersuchungen an Elphidien durch A. PAPP (1963) enge Beziehungen zu Ortenburg/Bayern (= Burdigalien) und Eggenburg erkannt werden, worauf das Auftreten von *Elphidium ortenburgense, E. subcarinatum, E. cryptostomum* und *E. felsense* hinweist. Ebenso ergeben sich in der Ostracodenfauna durch das Vorkommen von *Schulderidea rhombus, Cyamacytheridea reversa, Cushmanidea cribrosa, Neocytheridea gyrata, „Cythereis" bavarica, Cytheretta jurinei ovata, C. j. semiornata, C. divaricata, Cytherura hoplites* und *Eocytheropteron eggerianum* enge Beziehungen zu Ortenburg und damit auch zu Eggenburg (KOLLMANN in TOLLMANN [1957]). KOLLMANN (1959, p. 113) stellte die gesamte basale Schichtfolge von Eggenburg (und somit auch Fels am Wagram) nach den Faunenvergesellschaftungen in der Bohrung Puchkirchen 1 an die Basis des Haller Schliers.

Da den aus dem Eggenburger Bereich bekanntgewordenen Faunen die Mehrzahl der alten Reliktformen fehlt, wird daraus geschlossen, daß das Vorkommen von Fels am Wagram etwas tiefere Teile des Burdigalien vertritt.

Die vielen Unstimmigkeiten in der Korrelation der einzelnen Stufen des Oligozäns und Miozäns, besonders im Bereich der Abgrenzung des Miozäns gegen das Oligozän, der Parallelisation des Typus „Helvetien" und der Auffassung des Begriffes „Tortonien", waren der Anlaß, daß für den österreichischen Anteil der Molassezone, der Waschbergzone und des Inneralpinen Wiener Beckens von KAPOUNEK, PAPP & TURNOVSKY (1960) der Vorschlag einer Seriengliederung im Sinne der amerikanischen „formation" gemacht wurde. Demnach folgt auf eine chattisch/aquitanische „Melker Serie" die miozäne Transgression mit der „Eggenburger Serie", die das tiefe Burdigalien vertritt. In der darauffolgenden „Luschitzer Serie" sind noch Teile des „Ober"-Burdigaliens und die tieferen Helvet-Anteile (die Molluskenfauna des Typusprofiles am Imihubel) enthalten. Es folgen dann die „Laaer Serie", „Badener Serie", Sarmat und Pannon (siehe auch KAPOUNEK, PAPP & TURNOVSKY (1960), Abb. 1 — Tabelle).

Die Fauna aus Fels am Wagram ist also an die Basis der „Eggenburger Serie" zu stellen, in der sie den tiefsten makrofossilführenden Anteil repräsentiert.

Zusammenfassung

In der vorliegenden Arbeit wird ein makrofossilreiches Molluskenvorkommen des Burdigaliens nördlich von Fels am Wagram in Niederösterreich beschrieben. Durch Aufsammlungen von verschiedenen Herren im Laufe mehrerer Jahre und eigener wurde unter anderem eine reiche Kleinfauna geborgen, die bisher aus dem österreichischen Burdigalien noch nicht bekannt war und die örtlich nur gering verbreitete Schichten besonders interessant machte.

Es konnten 166 Arten und Unterarten (davon beschriebene Lamellibranchiata: 48, Scaphopoda: 1, Gastropoda: 47) festgestellt werden, von denen die wichtigsten abgebildet wurden. In einem Anhang an den systematischen Teil wurde die Begleitfauna angeführt, um ein möglichst vollständiges Faunenbild zu erzielen.

Für das österreichische Neogen fanden sich einige neue Gattungen: *Cyrtodaria* DAUDIN 1799, *Angulus* Megerle von MUEHLFELD 1811, *Burtinella* MOERCH 1861, *Drepanocheilus* MEEK; und viele neue Arten, die in der vergleichenden Faunenliste mit einem Kreuz (+) versehen wurden.

Ferner wurden folgende Arten und Unterarten neu beschrieben:

Astarte (Tridonta) levigrandis nov. spec.
Cardium (Cardium) ritter-gulderi nov. spec.
Cardium (Cerastoderma) edule felsense nov. subspec.
Cardium (Rudicardium) grande tereticostales nov. subspec.
Dentalium (Antale) kickxi transiens nov. subspec.
Drepanocheilus (Arroghes) speciosus serus nov. subspec.

Beim Vergleich der Fauna aus Fels am Wagram mit den neogenen Faunenassoziationen Europas zeigten sich besonders nahe Beziehungen zu den burdigalen Vorkommen Oberbayerns (Kaltenbachgraben) und den Faunen des Waagtales (ČSR). Besonders enge Beziehungen bestehen außerdem zu den Vorkommen des Aquitanien und Burdigalien in SW-Frankreich, wobei die engste Verbindung durch die Kleinmolluskenfauna hergestellt wird.

Daraus ergab sich eine stratigraphische Einstufung in das basale Burdigalien (=„Eggenburger Serie" — nach KAPOUNEK, PAPP und TURNOVSKY [1960]), wobei die nächsten Beziehungen zu den Loibersdorfer Schichten der Eggenburger Schichtfolge bestehen.

Ökologisch repräsentieren die Ablagerungen aus Fels am Wagram einen vollmarines Biotop (Salinität: $33^0/_{00}$—$35^0/_{00}$, Temperatur: tropisch bis subtropisch, Aeration gut) des sublitoralen bis seicht-neritischen Bereiches, wobei keinerlei Brackwassereinfluß zu bemerken ist.

Literaturverzeichnis

ABEL, O.: Neue Aufschlüsse bei Eggenburg in Niederösterreich in den Loibersdorfer und Gauderndorfer Schichten. — Verh. geol. Reichsanst., p. 255—258. Wien 1897.
— Studien in den Tertiärbildungen von Eggenburg. — Beitr. Paläont. Österr.-Ungarn, 11, p. 211—226. Wien 1898.
— Fauna der miozänen Schotter bei Niederschleinitz bei Limberg-Maissau in Niederösterreich. — Verh. geol. Reichsanst., p. 387—394. Wien 1900.
— Studien in den Tertiärbildungen des Tullner Beckens. — Jb. geol. Reichsanst., 53, p. 91—140. Wien 1903.
ABERER, F.: Die Molassezone im westlichen Oberösterreich und in Salzburg. — Mitt. geol. Ges. Wien, 50, p. 23—94, 1 Kt. Wien 1957.
— Das Miozän der westlichen Molassezone Österreichs mit besonderer Berücksichtigung der Untergrenze und seiner Gliederung. — Mitt. geol. Ges. Wien, 52/1959, p. 7—16. Wien 1960.
— Bau der Molassezone östlich der Salzach. — Z. dt. Geol. Ges., 113, p. 266—279. Hannover 1962.
ACCORDI, B.: La sedimentacion marina en el Vallés Penedés (Cataluna) y en el Veneto (Italia) durante el Mioceno. — Pubblic. Ist. Geol. & Min. Univers. Ferara, 3, 105, 5 Taf. Madrid 1953.
AGASSIZ, L.: Iconographie des Coquilles Tertiaires. — Mem. Soc. helvétiques Sc. natur. N. S., 7, p. 1—64, Taf. A, 1—14. Neuchâtel (Wolfrath) 1845.
ANDERSON, H. J.: Die Pectiniden des niederrheinischen Chatt. — Fortschr. Geol. Rheinld. Westf., 1, p. 297—321, 3 Taf., Krefeld 1958.
— Zur Stratigraphie und Palaeographie des marinen Oberoligozäns und Miozäns am Niederrhein auf Grund der Molluskenfauna. — Fortschr. Geol. Rheinld. Westf., 1, p. 277—295, 1 Taf. Krefeld 1958.
— Die Gastropoden des jüngeren Tertiärs in Nordwestdeutschland. Teil 1: Prosobranchia Archaeogastropoda. — Meyniana, 8, p. 37—81, Taf. 1—4. Kiel 1959 a.
— Die Muschelfaunau des nordwestdeutschen Untermiozäns. — Palaeontographica, 113, p. 61—179, Taf. 13—18. Stuttgart 1959 b.
— Die Gastropoden des jüngeren Tertiärs in Nordwestdeutschland. Teil 2: Prosobranchia Mesogastropoda. — I: Littorinacea, Rissoacea, Cerithiacea. — Meyniana, 9, p. 13—79, 12 Taf., Kiel 1960. II: Revision der Naticacea. — Meyniana, 9, p. 80—97, 4 Taf. Kiel 1960.
— Entwicklung und Altersstellung des jüngeren Tertiärs im Nordseebecken. — Mitt. geol. Ges. Wien, 52, 1959, p .19—26. Wien 1960.
— VI: Zusammenfassende Berichte über die Schichtfolgen im Nordseebecken seit dem Ober-Oligozän. — Meyniana, 10, 118—146. Kiel 1961.
— Über die Korrelation der miozänen Ablagerungen im Nordseebecken und die Benennung der Stufen. — Ibidem, 10, 167—170. Kiel 1961.
— Über das Alter der Hemmoor-Stufe. — Ibidem, 10, 147—159. Kiel 1961.
BALDI, T.: Paläokologische Fazies-Analyse der burdigal-helvetischen Schichtreihe von Budafok in der Umgebung von Budapest. — Ann. Univ. Sc. Budapestinensis R. Eötvös nom. Sect. Geol., 2, 1958, p. 21—38. Budapest 1959.
— Glycymeris s. str. des europäischen Oligozäns und Miozäns. — Ann. hist. nat. Mus. Nation. Hungarici, Pars Mineral. Palaeont., 54, p. 85—153, Taf. 1—11. Budapest 1962.
BALDI, T.; KECSKEMETI, T.; NYIRÖ, M. R. & DROGGER, C. W.: Neue Angaben zur Grenzziehung zwischen Chatt und Aquitan in der Umgebung von Eger (Nordungarn). — Ann. nat.-hist. Mus. nation. hung., 53, 67—132, Taf. 1—4. Budapest 1961.
BASTEROT, M.: Mémoire Géologique sur les Environs de Bordeaux. — p. 1—100, 7 Taf. Paris 1825.
BAYER, J.: Entdeckung von Ablagerungen der 1. Mediterranstufe in der Wachau. — Verh. Geol. Bundesanst., p. 107—110. Wien 1927 (a).
BEER-BISTRICKY, D. E.: Die miozänen Buccinidae und Nassariidae des Wr. Beckens und Niederösterreichs. — Mitt. geol. Ges. Wien, 49, p. 41—83, Taf. 1—2. Wien 1958.
BENKÖ-CZABALAY, J.: La fauna de la série de la briqueterie à Eger. — Z. ung. geol. Ges., 88, p. 344—349, Taf. 30—31. Budapest 1958.
BENOIST, E. A.: Catalogue synonymique et raisonné des Testacés fossiles recueillis dans les faluns miocènes des communes de La Brède et de Saucats. — Act. Soc. Linnéenne Bordeaux, 29, p. 1—275. Bordeaux 1873.
— Monographie des Tubicoles, Pholadaires et Solenacées fossiles. — Act. Soc. Lin. Bordeaux, 31, p. 312—322, Taf. 19—22. Bordeaux 1877.
BERGER, W.: Die Bullaceen aus dem Tertiär des Wiener Beckens. — Arch. Molluskenkde, 82/4, 6, p. 81—122, Taf. 16—21, 1 Tab. Frankfurt 1953.
— Die Ringiculiden aus dem Tertiär des Wiener Beckens. — Arch. Molluskenkde, 83, p. 113—136, Taf. 7—12. Frankfurt 1954.
BERNHAUSER, A.: Zur Kenntnis der Retzer Sande. — Sitz.Ber. österr. Akad. Wiss., math.-natw. Kl., 164, p. 163—192. 1 Taf. Wien 1955.
BEYRICH, E.: Die Conchylien des norddeutschen Tertiärgebirges. — Z. dt. geol. Ges., 5, p. 273—358. 5 Taf. Berlin 1853; 6, p. 404—521, 6 Taf. u. p. 726—781, 4 Taf. Berlin 1854; 8, p. 21—88, 10 Taf. Berlin 1884.
BÖCKH, H.: Die geologischen Verhältnisse der Umgebung von Nagy-Maros. — Mitt. Jb. Kgl. ung.. geol. Anst., 13, p. 1—63, Taf. 1—9. Budapest 1899—1902.
BOETTGER, C. R.: Phänotyp. Schalengestaltung bei der Pantoffelschnecke (Coepidula fornicata [L]). Arch. Molluskenkde., 82, Nr. 4/6, p. 141—145, Taf. 26—27. Frankfurt a. M. 1953.
BONNET, A.; JULLIAN, Y.; LYS, M. & VATAN, A.: Études dans le Néogène du Bas-Rhône. — AH. 7 Convegno Naz. Metano Petrolio, p. 1—16, 7 Taf. Palermo 1952.
BROCCHI, G.: Conchiologia fossile Subapennina con Osservazioni Geologiche sugli Apenninie sul suolo adiacente. — Tomo I: p. 1—240, II: p. 241—712, Taf. 1—16. Milano 1814.
BRONN, H. G.: Italiens Tertiär-Gebilde und deren organische Einschlüsse. — p. 1—176, Taf. 3, Heidelberg (Groos) 1831.

BRONN, H. G.: Lethaea geognostica. — Bd. I, p. 1—544, Stuttgart 1837; Bd. II, p. 545—1346. Stuttgart 1838; Atlas Taf. 1—47. Stuttgart 1837.
BUCQUOY, E.; DAUTZENBERG, Ph. & DOLLFUSS, G.: Les Mollusques marins du Roussillon. — Paris 1882—1898.
BUDAY, T.: Die Entwicklung des Neogens der tschechoslowakischen Karpaten. — Mitt. geol. Ges. Wien, 52, p. 27—47. Wien 1960.
BÜRGL, H.: Zur Stratigraphie und Tektonik des oberösterreichischen Schliers. — Verh. geol. Bundesanst., p. 123—151. Wien 1946.
CERULLI-IRELLI, S.: Faune magacologia mariana. — Palaeontographica Italiana, 13—22, 1907—1916.
CHAVAU, A.: Essai critique de classification des Lucines (I—III). — J. Conchyliologie, 81, p. 133—153, 198—216 u. 238—282, 10 Textfig. Paris 1937.
— Essai critique de classification des Divaricella. — Bull. Inst. roy. Sci. natur. Belgique, 27, Nr. 18, p. 275. Brüssel 1951.
— Distinction et classement des Astartides. — Cahiers géol. Thoiry, 15, p. 127—128. Thoiry 1952.
COSSMANN, M. & PEYROT, A.: Conchyologie néogénique de l'Aquitaine. — Act. Soc. Linn. Bordeaux, 63—84. Bordeaux 1909—1934.
CSEPREGHY-MEZNERICS, I.: Die Minutien der tortonischen Ablagerungen von Steinabrunn in Niederösterreich. — Ann. naturhist. Mus. Wien, 46, p. 319—359, Taf. 13, 14. Wien 1933.
— Die Brachiopoden des ungarischen Tertiärs. — Ann. Hist. nat. Hungarici, 36, p. 10—58, Taf. 2—6. Budapest 1944.
— Ditrupa-Reste aus Ungarn. — Ann. Hist. nat. Mus. nat. Hungarici Min. Geol. Pal., 37, Budapest 1944.
— La faune et l'âge des couches du mur des gisements de charbon à Salgótarján. — Földtani Közlöny, 83, p. 35—56, Taf. 4—6. Budapest 1953.
— Helvetische und tortonische Fauna aus dem östl. Cserhatgebirge. — Ann. Inst. geol. Hungarici, 41, 1855, 17 Taf. Budapest 1954.
— Stratigraphische Gliederung des ungarischen Miozäns im Lichte der neuen Faunenuntersuchungen. — Acta Geol., 4/2, p. 183—207. Budapest 1956.
— Zwei bis jetzt unbekannte Molluskenarten aus dem ungar. Miozän. — Ann. Hist. nat. Mus. nat. Hungarici, 50, p. 45—47. Budapest 1958.
— Die Fauna von Debrecsen und ihr Alter. — Ann. Hist. nat. Mus. nat. Hungarici, 50, p. 49—53. Budapest 1958.
— Die Burdigalfauna in den Liegendschichten des Braunkohlenflözes von Egerschi-Ozd. — Ann. Hist. nat. Mus. nat. Hungarici, 51, p. 85—103, Taf. 1—4. Budapest 1959.
— Das marine Neogen Ungarns in seiner Beziehung zum Wiener Becken. — Mitt. geol. Ges. Wien, 52, 1959, p. 87—91. — Wien 1960.
— Pectinidés du Néogène de la Hongrie et leur importance Stratigraphique. — Mém. Soc. géol. France N. S., 39, Mém. 92, p. 1—56, Taf. 1—35. Paris 1960.
— Das Problem des „Chatt"-Aquitans in wissenschaftgeschichtlicher Beleuchtung. — Ann. hist. nat. Mus. nat. Hungarici, 54, p. 57—71. Budapest 1962.
CSEPREGHY-MEZNERICS, I. & SENEŠ, J.: Neue Ergebnisse der stratigraphischen Untersuchungen miozäner Schichten in der Südslowakei und Nordungarn. — N. Jb. Geol. Paläontol. Mh., p. 1—13. Stuttgart 1957.
ČTYROKY, P.: Die Meeresmolluskenfauna des unteren Burdigals im Waagtal. — Geol. Práce Zos., 51, p. 53—140, Taf. 1—19. Bratislava 1959.
— Die oberburdigalische Fauna bei Skalion in der Westslowakei (Inneralpines Wiener Becken). — Geol. Práce, Zpr., 17, p. 115—134, Taf. 13—16. Bratislava 1960.
— Die Fauna der unterburdigalischen Konglomerate aus der Umgebung von Chropoc in der Westslqwakei. — Zvlastni Otisk min. geol., 6/1, p. 6—14, Taf. 3—7. Praha 1961.
DAVIDSON, Th.: British fossil Brachiopoda. I.: Tertiary, cretaceous, oolitic and Liasic species. Part 1: British Tertiary Brachiopoda. — Palaeont. Soc. London, p. 1—28, 2 Taf. London 1852.
DEMARQ, G.: Observations sur le Burdigalien du Bassin de Valréas (Drôme, Vaucluse). — Bull. Serv. Carte géol. France, 56, Nr. 258, p. 151—163. Paris 1958.
— Contribution à l'Étude des Faciès du Miocène de la Vallée du Rhône. — Mitt. geol. Ges. Wien, 52/1959, p. 93—104. Wien 1960.
DESHAYES, G. P.: Traité élémentaire de Conchyologie. — 1/1, p. 1—368; 1/2, p. 1—824; 2, p. 1—384; Atlas Taf. 1—132. Paris (Masson) 1839—1853.
DITTMER, E.: Jungtertiäre Ablagerungen im westlichen Schleswig-Holstein. — Meyniana, 8, 1—21. Kiel 1959.
— Das Miozän im westlichen und nördlichen Schleswig-Holstein. — Meyniana, 10, 63—69. Kiel 1961.
DOLLFUS, G. F. & DAUTZENBERG, Ph.: Étude préliminaire des coquilles fossiles des faluns de la Touraine. — Fauille des Jeunes Naturalistes, No. 187, p. 77—80; No. 188, p. 92—96; No. 189, p. 101—105; No. 192, p. 138—143. Paris 1886.
— Conchyologie du miocène moyen du Bassin de la Loire. — I. Pélécypodes. — Mém. Soc. Géol. France. Paris 1902—1920.
DREGER, J.: Die tertiären Brachiopoden des Wiener Beckens. — Beitr. Paleont. Österreich-Ungarns Orients, 7, p. 179—192, 3 Taf. Wien 1889.
DROOGER, C. W.: Miogypsina in Northern Italy. — Proc. Koninkl. Nederl. Akad. Wetensch. Ser. B, 57/2, p. 227—249, Taf. 1—2. Amsterdam 1954.
— Miogypsina in northwestern Germany. — Proc. Koninkl. Nederl. Akad. Wetensch. Ser. B, 63, p. 38—50. Amsterdam 1960.
— Foraminifères importants pour les subdivisions et limites du Miocène indérieur-moyen. — 83me Congr. Soc. Savants Aix-Marseille, Sect. Sci. Ss. Géol., p. 171—179. Paris (Gauthier Villars) 1958.
— Miogypsina in Hungary. — Proc. Koninkl. Nederl. Akad. Wetensch. Ser. B, 64, p. 417—427. Amsterdam 1961.

DROOGER, C. W.; KAASSCHIETER, J. P. H.; KEY, A. J.: The Microfauna of the Aquitanian-Burdigalien of southwestern France. — Verh. Kgl. Ned. Akad. Wetensch., Afd. Naturkde. (1), 21, No. 2, 1365 p., 20 Taf. Amsterdam 1955.
DROOGER, C. W.; PAPP, A. & SOCIN, C.: Über die Grenze zwischen den Stufen Helvet und Torton. — Anz. österr. Akad. Wiss., math.-natw. Kl., p. 1—10. Wien 1957.
DUJARDIN, F.: Mémoire sur les couches du sol en Touraine et description des coquilles de la craie des faluns. — Mém. Soc. géol. France, 2/9, p. 211—311, Taf. 1—6. Paris 1837.
EGGER, G. J.: Die Foraminiferen der Miocän-Schichten bei Ortenburg in Niederbayern. — N. Jb. Min. Geol. Paleont. .... p. 266—311, Taf. 5—15. Stuttgart 1837.
EICHWALD, E. v.: Naturhistorische Skizze von Lithauen, Volhynien und Podolien. In geognostisch-mineralog., botan. und zoolog. Hinsicht. — p. 1—256, Taf. 1—2. Leipzig (Wirla) 1830.
— Lethaea rossica on paléontologie de la Russie. III. — p. 1—533, 14 Taf. (1852). Stuttgart (Schweizerbart) 1853.
ELLISON, Edl. v. Nidlef., Fr.: Das Tertiär von Melk und Loosdorf. — Mitt. Alpenländ. Geol. Ver., 33, p. 35—86, 2 Taf., 1 Karte. Wien 1940.
ERÜNAL-ERENTÖZ, L.: Mollusques du Néogène des bassins de Karaman, Adana et Hatay (Turquie). — Publ. Inst. Études Rech. minières Turquie Ser. C., 4, 232,5, 35 Taf. Ankara 1958.
FABIANI, R.: I Brachiopodi terziari del Veneto. — Mem. Inst. Geol. Univ. Padova, 2, p. 1—42, 4 Taf. Padova 1913.
FANTINET, D.: Contribution à l'Étude des Scaphopodes fossiles de l'Afrique du Nord. — Serv. Ct. géol. Algérie (N. S.) Paléont. Mém., 1, p. 1—112, Taf. 1—12. Alger 1959.
FRIEDBERG, W.: Mollusca miocaenica Poloniae (Pars II: Gastropoda et Scaphopoda). — p. 1—630, 38 Taf. LWOW i POZNAN, 1911—1928.
— Mollusca miocaenica Poloniae (Pars II: Lamellibranchiata). — Soc. Géol. Pologne, 158 S., 24 Taf. Krakau 1934.
— Versuch einer Stratigraphie des Miozäns von Polen auf Grund seiner Molluskenfauna. Teil I. — Bull. Acad. Polonaise Sci. Lettres, math.-natur., B II, 1937, p. 287—301. Cracovie 1938.
FUCHS, Th. & KARRER, F.: Geologische Studien in den Tertiärablagerungen des Wiener Beckens. IV. Theil: Die Tertiärbildungen der Umgebung von Eggenburg. — Jb. geol. Reichsanst., p. 584—598. Wien 1868.
FUCHS, Th. in FUCHS, Th. & KARRER, F.: Geologische Studien in den Tertiärbildungen des Wiener Beckens. XX.: Der Eisenbahn-Einschnitt der Franz-Josefbahn bei Eggenburg. — Jb. geol. Reichsanst., p. 17—19. Wien 1875.
— Die Versuche einer Gliederung des unteren Neogen im Gebiete des Mittelmeeres. — Z. dt. Geol. Ges., 37, p. 131—172. Berlin 1885.
— Tertiaerfossilien aus den kohlenführenden Miocaenablagerungen der Umgebung von Krapina und Radoboj und über die Stellung der sogenannten „Aquitanischen Stufe". — Mitt. Jb. Kgl. ungar. geol. Anst., 10, p. 163—175. Budapest 1894.
— Beiträge zur Kenntnis der Tertiärbildungen von Eggenburg. — Sitz.Ber. K. Kgl. Akad. Wiss., math. natw. Kl., 111, p. 1—6. Wien 1900.
— Über die bathymetrischen Verhältnisse der sogenannten Eggenburger und Gauderndorfer Schichten des Wiener Tertiärbeckens. — Sitz.Ber. K. Kgl. Akad. Wiss., math.-natw. Kl., 109, p. 1—12. Wien 1900.
GIGNOUX, M.: Les formations marines pliocènes et quaternaires d'Italie du Sud et de la Sicile. — Ann. Univ. Lyon (N. S.), 1/36, p. 1—693, Taf. 1—21. Lyon 1913.
GLIBERT, M.: Faune malacologique du miocène de la Belgique. — I.) Pélécypodes. Mém. Mus. Roy. Hist. Nat. Belgique, No. 103, p. 1—266, 12 Taf. Brüssel 1945.
— Gastropodes du Miocène Moyen du Bassin de la Loire. — Mém. Inst. Roy. Sc. Nature Belgique, 2. Sér., 30, I, p. 1—240, Taf. 1—12. Bruxelles 1949.
— Fauna Malacologique du Miocène de la Belgique. — II.) Gastropodes. Mém. Inst. Roy Sc. Nat. Belgique, 121, p. 1—197, 10 Taf. Bruxelles 1952.
— Gastropodes du Miocène Moyen du Bassin de la Loire. II. Mém. Roy. Sc. Nat. Belgique, 2, Sér., 46, p. 243—450, Taf. 1—15. Bruxelles 1962.
— Pleurotomes du miocène de la Belgique et du Bassin de la Loire. — Mém. Inst. Roy. Sc. Nat. Belgique, No. 129, p. 5—75, Taf. 1—7. Bruxelles 1953.
— Pélécypodes et Gastropodes du Rupélien supérieur et du Chattien de la Belgique. — Mém. Inst. Roy. Sc. Nat. Belgique, 137, p. 1—96, 6 Taf. Brüssel 1957.
— Tableau Stratigraphique des Mollusques du Neogène de la Belgique. — Bull. Inst. Roy. Sc. Nat. Belgique, 34, p. 1—20. Bruxelles 1958.
GOERGES, J.: Die Lamellibranchiaten und Gastropoden des oberoligozänen Meeressandes von Kassel. — Abh. hess. L. Amt. Bodenforsch., 4, p. 1—134, 3 Taf. Wiesbaden 1952.
— Die Mollusken der oberoligozänen Schichten des Doberges bei Bünde in Westfalen. — Paläont. Z., 31, p. 116—134, 2 Taf. Stuttgart 1957.
GOLDFUSS, A.: Petrefacta Germaniae. Abbildungen u. Beschreibungen der Petrefacten Deutschlands und der angrenzenden Länder. — Düsseldorf 1826—1833; 1841—1844.
GRATELOUP, D.: Conchyliologie fossile du bassin de l'Adour. — Act. Soc. Linné Bordeaux, 8/5, 6, p. 1—56, Taf. 1—2. Bordeaux 1837.
— Notice sur la famile des Bulléens du Bassin de l'Adour aux environs de Dax. — Act. Soc. Linn. Bordeaux, 9, p. 1—68, Taf. 3. Bordeaux 1837.
— Conchyliologie des Terrains Tertiaires du Bassin de l'Adour (Environs de Dax). I. Univalves. — Atlas. — 47 Taf. Bordeaux (Lafurgue) 1840.
GRATELOUP, M.: Catalogue Zoologique des Animaux vertébrés et invertébrés du bassin de la Gironde (Environs de Bordeaux). — p. 1—77. Bordeaux 1838.
GREGORIO, de M.: Studi su Talune Conchiglie Mediterranee viventie fossili comma rivista del Gen. Vulsella e del Gen. Ficula. — p. 1—430, Taf. 1—5. Siena 1884—1885.
GRILL, R.: Das Oligocänbecken von Gallneukirchen bei Linz a. d. Donau und seine Nachbargebiete. — Mitt. geol. Ges. Wien, 28, p. 37—72, 1 Karte. Wien 1935.

GRILL, R.: Über erdölgeolog. Arbeiten in der Molassezone v. Österreich. — Verh. geol. Bundesanst., p. 4—28. Wien 1945.
— Über den Stand der Erforschung des österreichischen Tertiärbeckens. — Verh. geol. Bundesanst., Sh. C., p. 1—5. Wien 1952.
— Über den geologischen Aufbau des Außeralpinen Wiener Beckens. — Verh. geol. Bundesanstalt., p. 44—54, 1 Karte. Wien 1958.
— Aufnahmsbericht 1959 auf Blatt Krems an der Donau (38). — Verh. geol. Bundesanstalt., p. 32—34. Wien 1959.
GRILL, R. & WALDMANN, L.: Zur Kenntnis des Untergrundes der Molasse in Österreich. — Jahrb. geol. Bundesanst. 94/ 1949—1951, p. 1—40. Wien 1950.
GRIPP, K.: Über das marine Altmiozän im Nordseebecken. — N. Jb. Mineral. usw. Beil. Bd., 41, 1—59, Taf. 1—2. Stuttgart 1917.
GRIPP, K. & MAGNE, A.: Neues zur Gliederung des Miozäns in Westeuropa. — N. Jb. Geol. Pal. Mh., p. 273—281. Stuttgart 1956.
GUEMBEL, C. W. v.: Geognostische Beschreibung des bayerischen Alpengebirges und seines Vorlandes. — 950 S., 42 Taf. Gotha (J. Perthes) 1861.
— Abriß der Geognostischen Verhältnisse der Tertiärschichten bei Miesbach und des Alpengebietes zwischen Tegernsee und Wendelstein. — 76 S. München 1875.
HAGN, H. & HOELZL, O.: Geolog.-paläontol. Untersuchungen in der subalpinen Molasse des östlichen Oberbayerns zwischen Prien und Sur mit Berücksichtigung des im Süden anschließenden Helvetikums. — Geol. Bavaria, 10, 208 S., 8 Taf. München 1952.
HANO, V. & SENEŠ, J.: Die untermiozäne Fauna bei Rapovce. — Geol. Sbornik SAV, 3, p. 315—365, Taf. 43—60. Bratislava 1953.
HAUER, F. v.: Über die Fossilien von Korod in Siebenbürgen. — Haidinger Naturwiss. Abh., 1, p. 349—355, 1 Taf. Wien 1847.
HELLER, F.: Das angebliche Juravorkommen auf Granit bei Neustift (Niederbayern). — Geol. Bl. NO-Bayern, 4, p. 40—42. Erlangen 1954.
HILBER, V.: Neue Conchylien aus den mittelsteirischen Mediterranschichten. — Sitz.Ber. Akad. Wiss. Wien, math.-naturwiss. Kl. 79, p. 1—49, Taf. 1—6. Wien 1879.
HINSCH, W.: Leitende Molluskengruppen im Obermiozän und Unterpliozän des östlichen Nordseebeckens. — Geol. Jb., 67, p. 143—194, 3 Taf. Hannover 1952.
HOELZL, O.: Die Molluskenfauna der subalpinen Molasse Oberbayerns. — N. Jb. Min. usw. Mh., B, 1945—1948, p. 385—400. Stuttgart 1948.
— Ein neues Profil durch das Unter- und Mittelmiozän der oberbayerischen Molasse bei Peißenberg und deren Fauna. Ein Beitrag zur Grenzziehung Aquitan-Burdigal in der subalpinen Molasse. — Geol. Bavarica, 17, p. 181—215, Taf. 1. München 1953.
— Die Molluskenfauna des oberbayerischen Burdigals. — Geol. Bavarica, 38, 348 S., 22 Taf. München 1958.
— Zur Faunenkenntnis der oberbayerischen Miozänmolasse und ihren Beziehungen zu Oberösterreich und dem Wiener Becken. — Mitt. geol. Ges. Wien, 52/1959, p. 143—148, 3 Tab. Wien 1960.
— Leitende Molluskenarten aus der marinen und brackischen Molasse Oberbayerns. — Paläont. Z., 35, p. 62—78. Stuttgart 1961.
— Die Molluskenfauna der oberbayerischen marinen Oligozänmolasse zwischen Isar und Inn und ihre stratigraphische Auswertung. — Geol. Bav., 50. 1—275, Taf. 1—12. München 1962.
HOERNES, R.: Die fossilen Mollusken des Tertiärbeckens von Wien. — Abh. Geol. Reichsanst. Wien, III, 736 S., 52 Taf. Wien 1856; IV, 279 S., 85 Taf. Wien 1870.
— Die Fauna von Ottnang. — Jb. K. K. geol. Reichsanst., 25, p. 335—400, Taf. 10—15. Wien 1875.
HOERNES, R. & AUINGER, M.: Die Gastropoden der Meeresablagerungen der ersten und zweiten Mediterranstufe in der österreichischen-ungarischen Monarchie. — Abh. K. Kgl. geol. Reichsanst., 12, p. 1—382, Taf. 1—50. Wien 1879.
KAPOUNEK, J., PAPP, A. & TURNOVSKY, K.: Grundzüge der Gliederung vom Oligozän und älteren Miozän in Niederösterreich nördlich der Donau. — Verh. geol. Bundesanst. Wien, p. 217—226. Wien 1960.
KAUTSKY, F.: Das Miocän von Hemmoor und Basbeck-Osten. — Abh. preuß. geol. L.Anst. (N. F.), 255 S., 12 Taf. Hft. 97. Berlin 1925.
— Die boreale und mediterrane Provinz des europäischen Miozäns und ihre Beziehungen zu den gleichalterigen Ablagerungen Amerikas. — Mitt. geol. Ges. Wien, 18, p. 1—33. Wien 1925.
— Die biostratigraphische Bedeutung der Pectiniden des niederösterr. Miozäns. — Ann. naturhist. Mus. Wien, 42, p. 245—273, Taf. 7. Wien 1928.
— Biologische Studien über den Schloßbau von Tapes. — Palaeobiologica, 2, p. 202—212, Taf. 15—18. Wien 1929.
— Die Bivalven des niederösterreichischen Miozäns. — (Taxodonta und Veneridae). — Verh. geol. Bundesanst., p. 131—137. Wien 1932.
— Die Veneriden und Ptricoliden des niederösterreichischen Miozäns. — Bohrtechn. Z., p. 1—28, 3 Taf. Wien 1936.
KOBELT, W.: Iconographie der schalentragenden europäischen Meeresconchylien. — I. p. 1—171, Taf. 1—28. Cassel (Fischer) 1887; II. p. 1—139, Taf. 1—29. Wiesbaden (Kreidel) 1901; III. p. 1—406, Taf. 1—40. Wiesbaden (Kreidel) 1905; IV. p. 1—172, Taf. 1—28. Wiesbaden (Kreidel) 1908.
KOCH, A.: Die Tertiärbildungen des Beckens der Siebenbürgischen Landestheile. II. Neogene Abtheilung. — Ung. geol. Ges. S. Bd., p. 1—370, 3 Taf. Budapest 1900.
KOENEN, A. v.: Das marine Mittel-Oligocän Norddeutschlands und seine Molluskenfauna. — Palaeontographica, 16, p. 1—148, Taf. 1—7. Cassel 1867.
— Das Miozän Norddeutschlands und seine Molluskenfauna. — Schr. Ges. Beförd. gesammt. Naturwiss. Marburg, 10/I, p. 1—367, Taf. 1—7. Cassel 1872.
— Das norddeutsche Unteroligocän und seine Molluskenfauna. — Abh. geol. Spez.-K. Preußen, Thür. Staaten, 10, H. 1—7. Berlin 1889—1894.

KOEWING, K.: Zur Gliederung des norddeutschen Miozäns. — N. Jb. geol. Palaeont. Mh., p. 83—91. Stuttgart 1957.
KOLLMANN, K.: Cytherideinae und Schulerideinae und subfam. (Ostracoda) aus dem Neogen des östlichen Österreichs. — Mitt. geol. Ges. Wien, 51/1958, p. 89—195, 21 Taf., 1 K., 4 Tab. Wien 1960.
KOLOSVARY, G.: New Balanids from the Hungarian Tertiary Age. — Földtani Közlöny, 29, p. 111—118. Budapest 1949.
— Description of 3 new fossil tertiary barnacles from Hungary. — Födtani Közlöny, 80/7—9, p. 271—276. Budapest 1950.
— Nouveaux lieux d'occurrences de Balanus en Hongrie. — Földtani Közlöny, 82, p. 410—412. Budapest 1952.
KRACH, W.: The value of the Macrofauna in the stratigraphy of the Miocene in Poland. — Kwart. Geol., p. 2. 44—54, 1958 (Pol. u. engl. Anm.).
KRANZ, W.: Zur Stratigraphie der schwäbischen Miozän- und Oberoligozänen Ablagerungen sowie angeblicher Pliozän-Vorkommen. — Jb. Mitt. Oberrhein. geol. Ver., 33, p. 89—95. 1951.
KRAUS, E.: Geologie des Gebietes zwischen Ortenburg und Vilshofen in Niederbayern an der Donau. — Geogn. Jh., 28/1915, p. 91—168, 1 Karte. München 1916.
KUEHN, O.: Die Bryozoen des Miocaens von Eggenburg. — In SCHAFFER, F. X.: Das Miocän von Eggenburg. — Abh. Geol. Reichsanst. 22 (3), p. 21—39, 1 Taf. Wien 1925.
— Eine neue Burdigalausbildung bei Horn. — Sitz.Ber. österr. Akad. Wiss., math.-natw. Kl., 145, p. 35—45, 1 Taf. Wien 1936.
—Die Bryozoen der Retzer Sande. — Sitz.Ber. österr. Akad. Wiss., math.-natw. Kl., (I), 164, p. 231—248, 2 Taf. Wien 1955.
KUEHNELT, W.: Über Anpassung der Muscheln an ihren Aufenthaltsort. — Biol. Gen., 9, p. 189—200, Taf. 11. Wien 1933.
— Lebensformen und Entwicklungsrichtungen der Muscheln. — Verh. Zool.-Bot. Ges. Wien, 96, p. 16—41. Wien 1956.
MACKAY, J. H.: The shell structure of the modern mollusks. — Quat. Colorado School Min., 47, p. 1—27, 6 Taf. Golden Colorado 1952.
MARWICK, J.: Generic revision of the Turritellidae. — Proc. malacol. Soc. London, 32, p. 144—166. London 1957.
MAYER, K.: Die Tertiär-Fauna der Azoren und Madeiren. — p. 1—107. Zürich (Selbstverlag) 1864.
MAYER, Ch.: Catalogue systématique et descriptif des Fossiles des Terrains Tertiaires trouvant au Musée fédéral de Zurich. — I, II. III, IV. Zürich 1867.
— Systematisches Verzeichnis der Versteinerungen des Helvetien der Schweiz und Schwaben. — Beitr. geol. K. Schweiz, p. 1—35. Zürich 1872.
— Liste systématique des Natices des Faluns de Touraine et de Pont-Levoy du Musée de Zurich. — Journ. Couch., 43, 165 S. Paris 1895.
MICHELOTTI, G.: Description des Fossiles des Terrains Miocènes de l'Italie septentrionale. — p. 1—408, Taf. 1—17. Leide (Aruz) 1847.
MONGIN D.: Gastropodes et Lamellibranches du Burdigalien de Provence. — Mém. Mus. natur. hist. nat., N. S.: C, 2/2, p. 27—238, Taf. 1—5. Paris 1952.
— Revision stratigraphique du Burdigalien de Basse-Provence. Trav. Lab. Géol. Fac. Sci. Marseille, 5, p. 10—71. Marseille 1956.
— Variations de facies et de faunes dans le Burdigalien de Basse-Provence. — C. R. 83e Congr. Soc. Savantes Aix-Marseille, p. 219-229. Paris 1958.
MORLET, L.: Monographie du genre Ringicula DESHAYES et description de quelques espèces nouvelles: B. Espèces fossiles. — J. Conch. Paris, 26, p. 251—295, Taf. 5—8. Paris 1878.
MUELLER, A. H.: Grundlagen der Biostratonomie. — Abh. dt. Akad. Wiss. Berlin, Kl. math.-allg. Naturwiss. 1950/3, p. 1—147. Berlin 1951.
NYST, P. H.: Description des Coquilles et des Polypiers des Terrains tertiaires de la Belgique. — Bruxelles 1843.
— Notice sur un nouveau gîte de fossiles se rapportant aux espèces faluniennes du Midi de l'Europe, découvert à Edeghem, près d'Anvers. — Bull. Acad. roy. Belg., 12, p. 29—53, Taf. 1. Bruxelles 1861.
— Conchyliologie des terrains tertiaires de la Belgique. Pliocène scaldisien. — Anm. Mus. Hist. natur. Bel., 3, Bruxelles 1881.
D'ORBIGNY, A.: Prodrome de Paléontologie stratigraphique universelle des Animaux mollusques et Rayonnés. — I. p. 1—394. Paris (Masson) 1849; II. p. 1—427. Paris (Masson) 1850; III. p. 1—196. Paris (Masson) 1852.
PAPP, A.: Untersuchungen an der sarmatischen Fauna von Wiesen. — Jb. Reichsstelle Bodenforsch., 89, p. 315—355, Taf. 9, 10. Wien 1939.
— Der gegenwärtige Stand der Tertiärstratigraphie in Österreich. — Erdölz, 5, p. 54—55, Wien 1951.
— Zur Kenntnis des Jungtertiärs in der Umgebung von Krems a. d. Donau (NÖ.). — Verh. geol. Bundesanst., p. 1—5. Wien 1952.
— Über die Verbreitung und Entwicklung von Clithon (Vittoclithon) pictus (Neritidae) und einiger Arten der Gattung Pirenella (Cerithidae) im Miozän Österreichs. — Sitz.Ber. österr. Akad. Wiss., math.-natw. Kl., 161, p. 103—127, 3 Taf. Wien 1952.
— Morphologisch-genetische Studien an den Mollusken des Sarmats von Wiesen (Burgenland). — Wiss. Arb. Burgenland. H. 22, p. 1—39. Eisenstadt 1958.
— Tertiär I. Teil (Grundzüge regionaler Stratigraphie). — p. 1—411. Stuttgart (Enke) 1959.
— Das Vorkommen von Miogypsina in Mitteleuropa und dessen Bedeutung für die Tertiärstratigraphie. — Mitt. geol. Ges. Wien, 51/1958, p. 219—228. Wien 1960.
— Die biostratigraphische Gliederung des Neogens im Wiener Becken. — Abschnitt: Die Elphidien im Neogen des Wiener Beckens. — Ibidem, 56, p. 255—281, Taf. 7—13. Wien 1963.
PARKER, R. H.: Macro—Invertebrate Asselblages of central Texas coastal bays and laguna Madre. — Bull. Amer. Assoc. Petroleum Geol., 43, p. 2100—2166. Tulsa 1959.
PEYROT, A.: Les Mollusques testacés univalves des dépôts helvétiens du Bassin ligérien. — Act. soc. Linn. Bordeaux. Suppl., 89, p. 1—361, Taf. 1—5. Bordeaux 1938.

PHILIPPI, R. A.: Enumeratio Molluscorum Siciliae (cum viventium tum in tellure tertiaria fossilium quae in itinere suo observavit). — T. I, p. 1—267, Taf. 1—12. (Berolini) 1836; T. II, p. 1—303, Taf. 13—28. Halle (Anton) 1844.
RAILEAU, G.: Le Burdigalien du bassin de Petrosani et quelques considérations générales concernant la stratigraphie du bassin. — Rév. Univ. Parhon et Ecole polyt. Bucarest, 6—7, p. 263—269, 1 Abb. Bukarest 1955.
REUSS, A. E.: Die fossilen Polyparien des Wiener Tertiärbeckens. Ein monographischer Versuch. — Naturwiss. Abh., 2, p. 1—109, Taf. 1—11. Wien 1847.
— Die fossilen Korallen des österreichisch-ungarischen Miozäns. — Denkschr. Akad. Wiss., math.-natw. Kl., 31, p. 197—270, 21 Taf. Wien 1872.
RISSO, A.: Histoire Naturelle des principales productions de l'Europe méridionale et particulièrement celles des environs de Nice et des Alpes Marituires. — Paris 1826.
ROGER, J.: Le Genre Chlamys dans les formations Néogènes de l'Europe. — Mém. Soc. géol. France (N. S.), 40, p. 1—249, 28 Taf. Paris 1939.
— Révision des Pectinidés de l'Oligocène du Domaine Nordique. — Mém. Soc. Géol. France, N. S., 23, Mém. 50, p. 1—57, Taf. 1—2. Paris 1944.
ROLLE, F.: Über die geologische Stellung der Horner-Schichten in Niederösterreich. — Sitz.Ber. Akad. Wiss., math.-natw. Kl., 36, p. 37—87, 2 Taf. Wien 1859.
ROTH v. TELEGD, K.: Eine oberoligozäne Fauna aus Ungarn. — Geol. Hungarica I/1, p. 1—77, Taf. 1—6. Budapest 1914.
RUTSCH, R.: Geologie des Belpbergs. — Mitt. naturforsch. Ges. Bern 1927, p. 1—194, Taf. 1—9. Bern 1928.
— Die Gastropoden des subalpinen Helvetien der Schweiz und Vorarlbergs. — Abh. Schweiz. Paläont. Ges., 49, p. 1—77, Taf. 1—2. Basel 1929.
RUTSCH, F. R.: Die fazielle Bedeutung der Crassostreen (Ostreidae, Molluska) im Helvetien der Umgebung von Bern. — Eclogae geol. Helvetiae, 48, p. 453—464. Basel 1955.
RZEHAK, A.: Die Gliederung der älteren Mediterranstufe bei Gross-Seelowitz in Mähren. — Verh. geol. Reichsanst., p. 300—303. Wien 1880.
— Die I. und II. Mediterranstufe im Wiener Becken. — Verh. geol. Reichsanst., p. 114—115. Wien 1882.
SACCO, F.: I Molluschi dei terreni terziarii del Piemonte e della Liguria. — 5—30, Torino 1887—1904.
— I Brachiopodi dei terreni Terziarii del Piemonte e della Liguria. — p. 1—40, Taf. 1—VI. Torino 1902.
SANDBERGER, C. L. F. v.: Die Conchylien des Mainzer Tertiärbeckens. — 458 S., 35 Taf. Wiesbaden (C. W. Kreidel) 1863.
SCHADLER, J.: Ein neues Phosphoritvorkommen (Plesching bei Linz, Oberösterreich). — Verh. geol. Bundesanst., p. 129—130. Wien 1932.
— Das Phosphoritvorkommen Plesching bei Linz a. d. Donau. — Verh. geol. Bundesanst., p. 70—77. Wien 1945.
SCHAFFER, F. X.: Beiträge zur Parallelisierung der Miocänbildungen des piemontesischen Tertiärs mit dem des Wiener Beckens. — Jb. K. Kgl. geol. Reichsanst., 49, p. 136—164. Wien 1899.
— Zur Abgrenzung der ersten Mediterranstufe und zur Stellung des „Langhiano" im piemontesischen Tertiärbecken. — Verh. geol. Reichsanst., p. 393—396. — Wien 1899.
— Das Miocän von Eggenburg. Die Fauna der 1. Mediterranstufe des Wiener Beckens und die geologischen Verhältnisse des Manhartsberges in Niederösterreich. — Abh. geol. Reichsanst., 22, p. 1—112, Taf. 11—47, Wien 1910.
— Das Miocän von Eggenburg. Die Gastropoden der Miocänbildungen von Eggenburg. Mit einem Anhang über Cephalopoden, Crinoiden, Echiniden und Brachiopoden. — Abh. geol. Reichsanst., 22, p. 129—183, Taf. 49—57. Wien 1912.
— Das Miocän von Eggenburg. II. Stratigraphie. — Abh. geol. Reichsanst., 22, p. 3—123, Taf. 1—10. Wien 1926.
— Der Begriff der „miozänen Mediterranstufen" ist zu streichen. — Verh. geol. B.Anst., p. 86—88. Wien 1927.
— Geologie von Österreich. — 2. Aufl. Wien (Deuticke) 1951.
SCHILDER, F. A.: Cypraeacea. — Foss. Cat. I. Animalia pars 55. Berlin 1932.
— Neue fossile Cypraeacea. — Sitz.Ber. Ges. Natur. Freunde, p. 254—269, 1 Taf. Berlin 1932 A.
— Revisione delle Cypraeacea fossili del Piemonte e della Liguria. — Riv. Italiana di Pal., 38, p. 9—52. Pisa 1932 B.
SCHMIDT, W. J.: Der stratigraphische Wert der Serpulidae im Tertiär. — Paläont. Z., 29, p. 38—45. Stuttgart 1955.
— Die tertiären Würmer Österreichs. — Denkschr. Österr. Akad. Wiss., math.-natw. Kl., 109, 121 S., 8 Taf. Wien 1955.
SEIFERT, F.: Die Scaphopoden des jüngeren Tertiärs (Oligocän — Pliozän) in Nordwestdeutschland. — Meyniana 8, p. 22—36, Taf. 1—2. Kiel 1959.
SEILACHER, A.: Über die Lebensweise vorzeitlicher Muscheln. — Z. dt. geol. Ges., 105 (1953), p. 578—579. Hannover 1955.
SENEŠ, J.: Studium über die Aquitanische Stufe. — Geol. Práce Zosit, 31, p. 141—211, 2 Taf. Bratislava 1952.
— Bemerkungen zur Stratigraphie und Paleographie des Untermiozäns der Südslowakei auf Grund neuer Forschungen in Mitteleuropa. — Geol. Sbornik VII/3—4, p. 197—213. Bratislava 1956.
— Pectunculus Sande und Egerer Faunentypus im Tertiär bei Kovacov im Karpatenbecken. — Geol. Práce Monogr. Ser. 1, 332 S., Taf. I—XXIV. Bratislava 1958.
— Pholadomya andrusovi nov. spec. aus dem Untermiozän der Südslowakei. — Geol. Práce Slovenska Akad. Vred., 12, p. 1—13, 4 Taf. Bratislava 1958.
— Kritische Bemerkungen zu den Stratotypen des Oligozäns und Pliozäns und zur Frage der Neostratotypen. — Geol. Sborn. Slovenska Akad. Vred., 1, p. 3—26. Bratislava 1958.
— Biotyp und Entwicklungsbedingungen der Unterburdigalischen Ablagerungen im Oberneutra-Tal in der intrakarpatischen Depression. — Geol. Práce Zosit, 53, p. 65—87. Bratislava 1959.

SENEŠ, J.: Burdigalische Molluskenfauna aus mergeligen Ablagerungen des Waagtales in den Westkarpaten. — Geol. Práce Zpr., 17, p. 105—114. Bratislava 1960.
— Entwicklungsphasen der Paratethys. — Mitt. geol. Ges. Wien, 52/1959, p. 181—187. Wien 1960.
— Beitrag zur Frage der fossilen brackischen Biotope. — Geol. Práce Zpr., 19, p. 27—58. Bratislava 1960.
SENEŠ, J. & SVAGROVSKY, J.: Neogen der Ostslowakei. — Geol. Práce, Zosit, 46, p. 217—280, Beil. 7, 8, 9 b. Bratislava 1957.
SICKENBERG, O.: Die ersten Reste von Landsäugetieren aus den Linzer Sanden. Verh. geol. Bundesanst., p. 60—63. Wien 1934.
SIEBER, R.: Die Cancellariidae des niederösterreichischen Miozäns. — Arch. Molluskenkde., 68, p. 65—115, Taf. 3. Frankfurt 1936.
— Die miozänen Potomididae, Cerithiidae, Cerithiopsidae und Triphoridae Niederösterreichs. — Embrik Strand Festschr., 2, 473—519, Taf. 14, 15. Riga 1936/37.
— Über Anpassung und Vergesellschaftung miozäner Mollusken des Wiener Becken. — Palaeobiologica, 6, p. 358—370, Taf. 23. Wien 1938.
— Eine Fauna der Grunder Schichten von Guntersdorf und Immendorf in Niederösterreich (Bez. Hollabrunn). — Verh. geol. Bundesanst., p. 107—122. Wien 1946.
— Die miozänen Lucinacea des Wiener Beckens. — Anz. Österr. Akad. Wiss. Wien, math.-natw. Kl., p. 60—65. Wien 1951.
— Eozäne und oligozäne Makrofauna Österreichs. — Sitz.Ber. Akad. Wiss., math.-natw. Kl. I, 162, p. 359—376. Wien 1953.
— Systematische Übersicht der jungtertiären Bivalven des Wiener Beckens. — Ann. Naturhist. Mus. Wien, 60, p. 169—201. Wien 1955.
— Die mittelmiozänen Carditidae und Cardiidae des Wiener Beckens. — Mitt. geol. Ges. Wien, 47 (1954), p. 183—234, 3 Taf., 1 Tab. Wien 1956.
— Systematische Übersicht der jungtertiären Gastropoden des Wiener Beckens. — Ann. naturhist. Mus. Wien, 62, p. 123—192. Wien 1958.
— Zur makropaläontologischen Zonengliederung im österreichischen Tertiär. — Erdölz., 74, p. 108—110. Wien 1958.
— Systematische Übersicht der jungtertiären Amphineura Scaphopoda und Cephalopoda des Wiener Beckens. — Ann. Nat. hist. Mus. Wien, 63, p. 274—278. Wien 1959.
— Paläontologisch-stratigraphische Untersuchungen in der Miozänmolasse Vorarlbergs. — Verh. geol. Bundesanst., A 122—A 123. 1959.
— Die miozänen Turritellidae und Mathildidae Österreichs. — Mitt. geol. Ges. Wien, 51/1958, p. 229—280, Taf. 1—3. Wien 1960.
SIEVERTS-DORECK, H.: Zur Verbreitung känozoischer Ophiuren. — N. Jb. Geol. Paläont. Mh., p. 275—286. Stuttgart 1953.
SOWERBY, J.: The Mineral Conchology of Great Britain. — 1, Taf. 1—9, 1812; Taf. 10—44, 1813; Taf. 45—78, 1814. London 1812—1822.
— Of the Mineral Conchology of Great Britain (of coloured figures and Descriptions of those testaceous animals or Shells). — Vol. 1, 1812; Vol. 3, 1821; Vol. 4, 1823; Vol. 5, 1825; Vol. 6, 1829. London 1812—1829.
SPEYER, O.: Die Conchylien der Casseler Tertiärbildungen. — Palaeontographica, 9, 16, 19. Cassel 1863. 1871.
STEFANINI, G.: Fossili del Neogene Veneto. — Mem. Ist. Geol. Univ. Padova, IV, p. 1—198, Taf. 1—7. Padova 1916.
STUR, D.: Geologie der Steiermark. — p. 1—651. — Graz 1871.
SUESS, E.: Untersuchungen über den Charakter der österreichischen Tertiärablagerungen. 1. Über die Gliederung der tertiären Bildungen zwischen dem Mannhart, der Donau und dem äußeren Saume des Hochgebirges. — Sitz.Ber. Kg. K. Akad. Wiss., 54, p. 87—152. Wien 1866.
SUESS, F. E.: Beobachtungen über den Schlier in Oberösterreich und Bayern. — Ann. naturhist. Hofmus., 6, p. 407—429. Wien 1891.
SVAGROVSKY, J.: Die geologischen Verhältnisse und die Fauna des Nordteiles des Kosicer Kessels. — Geol. Sbornik, III/3—4, p. 259—295, Taf. 36—42. Bratislava 1954 (dtsch. Resumé).
THENIUS, E.: Wirbeltierfunde aus der paläogenen Molasse Österreichs und ihre stratigraphische Bedeutung. — Verh. geol. Bundesanst., p. 82—88. Wien 1960.
THIELE, J.: Handbuch der systematischen Weichtierkunde. — Jena (Fischer) 1935, 2 Bde.
TOLLMANN, A.: Die Mikrofauna des Burdigal von Eggenburg. — Sitz.Ber. österr. Akad.Wiss., math.-natw. Kl., 166, p. 165—213, Taf. 1—7. Wien 1957.
VANOVA, M.: Untermiozäne Fauna aus den basalen Konglomeraten der weiteren Umgebung von Safarikovo in der Südslowakei. — Geol. Práce Zosit, 51, p. 141—198, Taf. 20—27. Bratislava 1959.
VAUGHAN, T. W. & WELLS, J. W.: Revision of the Suborders, Families and Genera of the Scleractinia. — Spec. Pap. Geol. Soc. Amer., 44, 363 S., 51 Taf. Baltimore 1943.
VETTERS, H.: Über das Auftreten der Grunder Schichten am Ostfuße der Leiser Berge. — Verh. geol. Reichsanst., p. 140—165. Wien 1910.
— Mitteilungen aus dem tertiären Hügellande unter dem Manhartsberge. — Verh. geol. Reichsanst., p. 65 bis 74. Wien 1914.
— Aufnahmsbericht über Blatt Krems (4655) und Blatt Tulln (4656). — Verh. geol. Bundesanst., p. 55—57. Wien 1927.
VIGNEAUX, M. & MAGNE, A.: Observations récentes sur le Burdigalien de Cestas (Gironde). — C. R. somm. Soc. géol. France, p. 351—353. Paris 1952.
VOGEL, K.: Wachstumsunterbrechungen bei Lamellibranchiaten und Brachiopoden. — N. Jb. Geol. Paläont. Abh., 109, 1, p. 109—129, Taf. 4. Stuttgart 1959.
WALDMANN, L.: Führer zu geologischen Exkursionen im Waldviertel. — Verh. geol. Bundesanst. Sdtsch., E, p. 1—26, 1 Karte. Wien 1958.
WEINHANDEL, R.: Stratigraphische Ergebnisse im mittleren Miozän des Außeralpinen Wiener Beckens. — Verh. geol. Bundesanst., p. 120—130, 1 Karte. Wien 1957.

WEINKAUF, H. C.: Die Conchylien des Mittelmeeres. — 2 Bde. Cassel 1867.
WIEBOLS, J.: Aufnahmsbericht: Das Tertiär westlich Linz. — Verh. Zweigst. Wien Reichsstelle Bodenforsch., p. 94—96. Wien 1939.
WOLFF, W.: Die Fauna der südbayerischen Oligocänmolasse. — Palaeontographica. **43**, p. 223—311, Taf. 20—28. Stuttgart 1896—1897.
ZBYSZEWSKI, G.: Le Burdigalien de Lisbonne. — Comm. Serv. Geol. Portugal, 38, p. 91—216, Taf. 1—19. Lisboa 1957.
ZILCH, A.: Zur Fauna des Mittel-Miozäns von Kostej (Banat). Typus-Bestimmungen und Tafeln zu O. BOETTGER's Bearbeitung. — Senckenbergiana, 16, p. 193—302, 22 Taf. Frankfurt a. M. 1934.
— Gastropoda. II: Euthyneura. — Handb. d. Paläozoologie, 6/1, p. 1—200, Abb. 1—701. Berlin (Borntraeger) 1959.

Tafeln

Tafel I

Fig. 1 a, 1 b: *Glycymeris pilosa deshayesi* (MAYER) 1:1
Fig. 2 a, 2 b: *Lucinoma barrandei* MAYER 1:1
Fig. 3:　　　 *Chlamys bruei* PAYRAUDEAU 2:1
Fig. 4:　　　 *Nucula laevigata* SOWERBY 1:1
Fig. 5 a, 5 b: *Astarte levigrandis* nov. spec. 1:1
Fig. 6 a, 6 b: *Astarte levigrandis* nov. spec. 1:1

Zu: Fritz Steininger, Die Molluskenfauna aus dem Burdigal (Unter-Miozän) usw. TAFEL I

Tafel II

Fig. 1 a, 1 b: *Chlamys gigas plana* SCHAFFER 1:1
Fig. 2, 3: *Chlamys incomparabilis* RISSO 2:1
Fig. 4: *Lucinoma borealis* (LINNÉ) 1:1
Fig. 5: *Eomiltha transversa* (BRONN) 1:1
Fig. 6: *Arcopagia subelegans* (D'ORBIGNY) 1:1

Zu: Fritz Steininger, Die Molluskenfauna aus dem Burdigal (Unter-Miozän) usw. TAFEL II

Tafel III

Fig. 1: *Ostrea sayci* COSSM. & PEYR. 1:1
Fig. 2, 3: *Isocardia subtransversa major* HOELZL 1:1
Fig. 4: *Angulus nysti pseudofallax* HOELZL 1:1
Fig. 5: *Thracia pubescens* (PULTNEY) 1:1

Tafel IV

Fig. 1: *Cyprina girondica* BENOIST 1:1
Fig. 2: *Isocardia subtransversa major* HOELZL 1:1

Zu: Fritz Steininger, Die Molluskenfauna aus dem Burdigal (Unter-Miozän) usw. TAFEL IV

Tafel V

Fig. 1: *Cyprina girondica* BENOIST 1:1
Fig. 2, 3: *Pitaria lilacinoides* (SCHAFFER) 1:1

Zu: Fritz Steininger, Die Molluskenfauna aus dem Burdigal (Unter-Miozän) usw. TAFEL V

Tafel VI

Fig. 1: *Cyprina girondica* BENOIST 1:1
Fig. 2: *Panopea menardi* DESHAYES 1:1

Zu: Fritz Steininger, Die Molluskenfauna aus dem Burdigal (Unter-Miozän) usw. TAFEL VI

Tafel VII

Fig. 1a, 1b: *Cardium ritter-gulderi* nov. spec. 1:1

Zu: Fritz Steininger, Die Molluskenfauna aus dem Burdigal (Unter-Miozän) usw. TAFEL VII

Tafel VIII

Fig. 1 a, 1 b: *Cardium grande* HOELZL 1:1
Fig. 2, 3, 4, 5: *Cardium edule felsense* nov. subspec. 1:1
Fig. 6:   *Cardium edule greseri* (MAYER) WOLFF 1:1
Fig. 7:   *Saxolucina bellardiana* (MAYER) 1:1

Zu: Fritz Steininger, Die Molluskenfauna aus dem Burdigal (Unter-Miozän) usw. TAFEL VIII

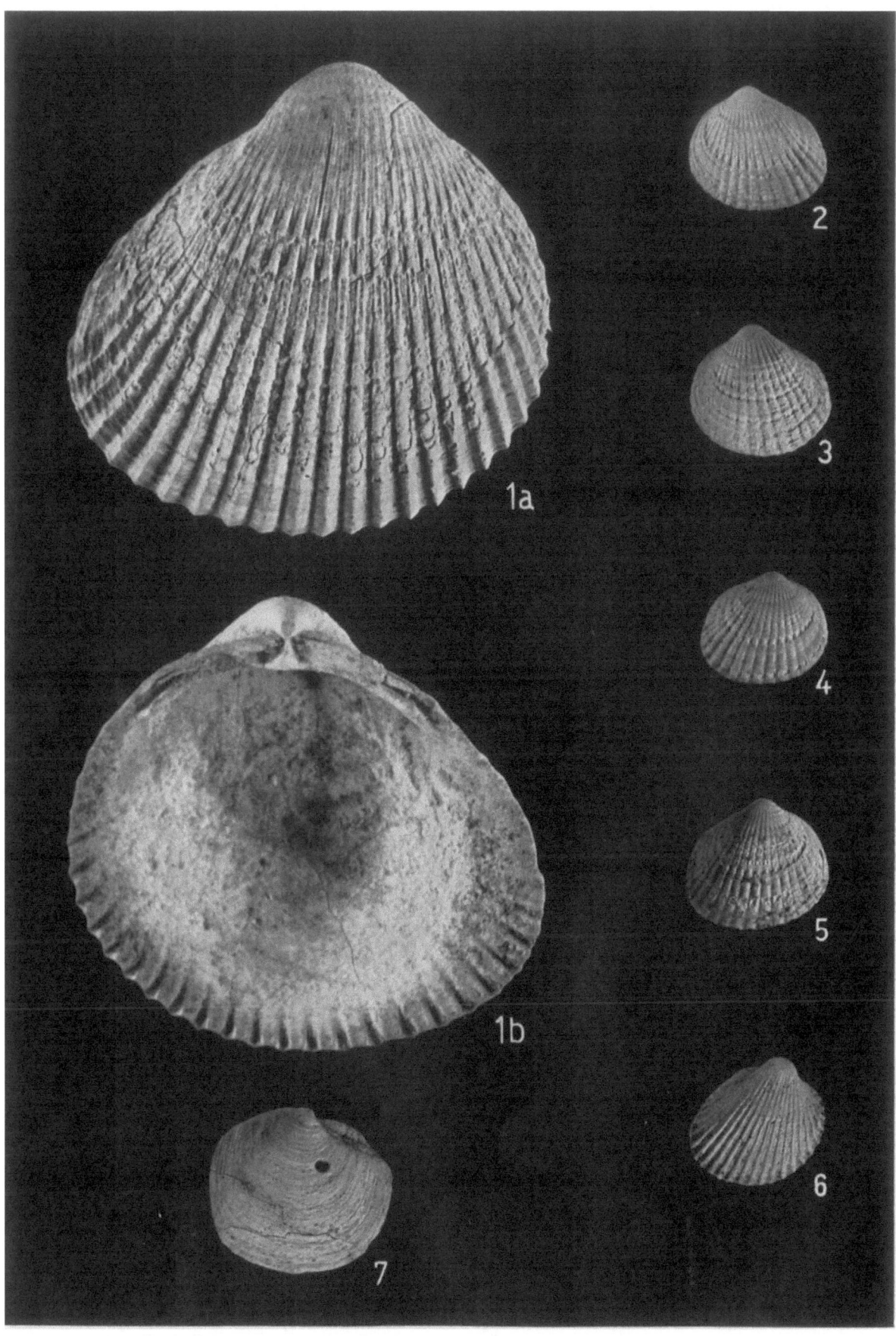

Tafel IX

Fig. 1 a, 1 b: *Cardium grande tereticostales* nov. subspec. 1:1
Fig. 2 a, 2 b: *Laevicardium spondyloides* (HAUER) 1:1
Fig. 3: *Laevicardium sandbergeri* GUEMBEL 1:1
Fig. 4: *Arca grundensis* MAYER 1:1

Zu: Fritz Steininger, Die Molluskenfauna aus dem Burdigal (Unter-Miozän) usw. TAFEL IX

Tafel X

Fig. 1:   *Lutraria sanna* BASTEROT 1:1
Fig. 2 a, 2 b: *Xenophora cumulans* SACCO 1:1
Fig. 3 a, 3 b: *Dentalium kickxi transiens* nov. subspec. 1:1
Fig. 4, 5:   *Protoma cathedralis quadricincta* SCHAFFER 1:1
Fig. 6:   *Drepanocheilus speciosus megapolitana* BEYRICH 1:1
Fig. 7:   *Cancellaria umbilicaris pluricostata* KAUTSKY 2:1
Fig. 8 a, 8 b: *Lunatia catena helicina* (BROCCHI) 1:1
Fig. 9 a, 9 b: *Lunatia catena johannae* (MAYER) 1:1
Fig. 10 a, 10 b: *Neverita olla manhartensis* SCHAFFER 1:1
Fig. 11:   *Calyptrea depressa* LAMARCK 1:1

Zu: Fritz Steininger, Die Molluskenfauna aus dem Burdigal (Unter-Miozän) usw. TAFEL X

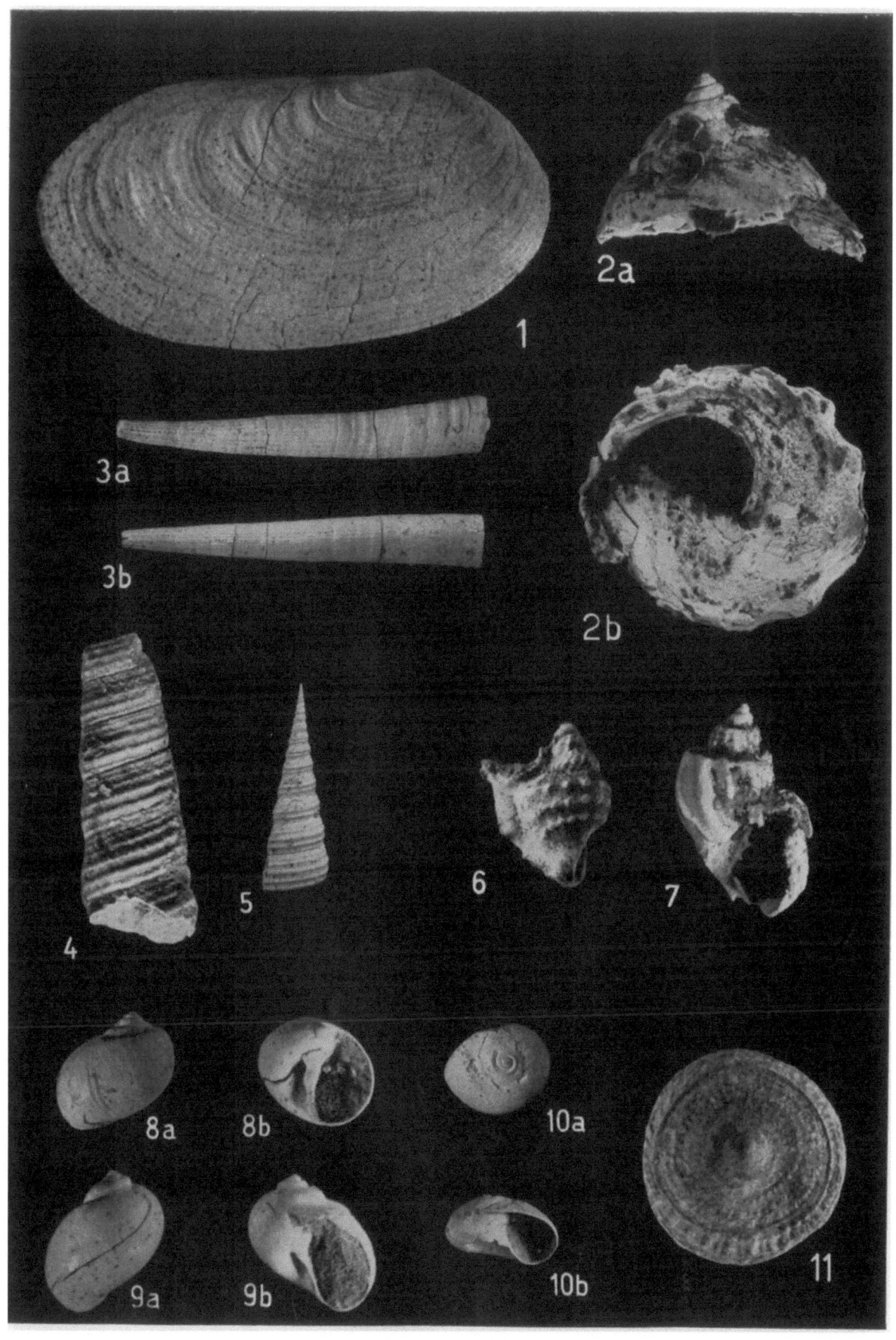

Tafel XI

Fig. 1, 2, 3, 4: *Drepanocheilus speciosus serus* nov. subspec. 1:1
Fig. 5: *Paleoastroides tridentifer* nov. spec.

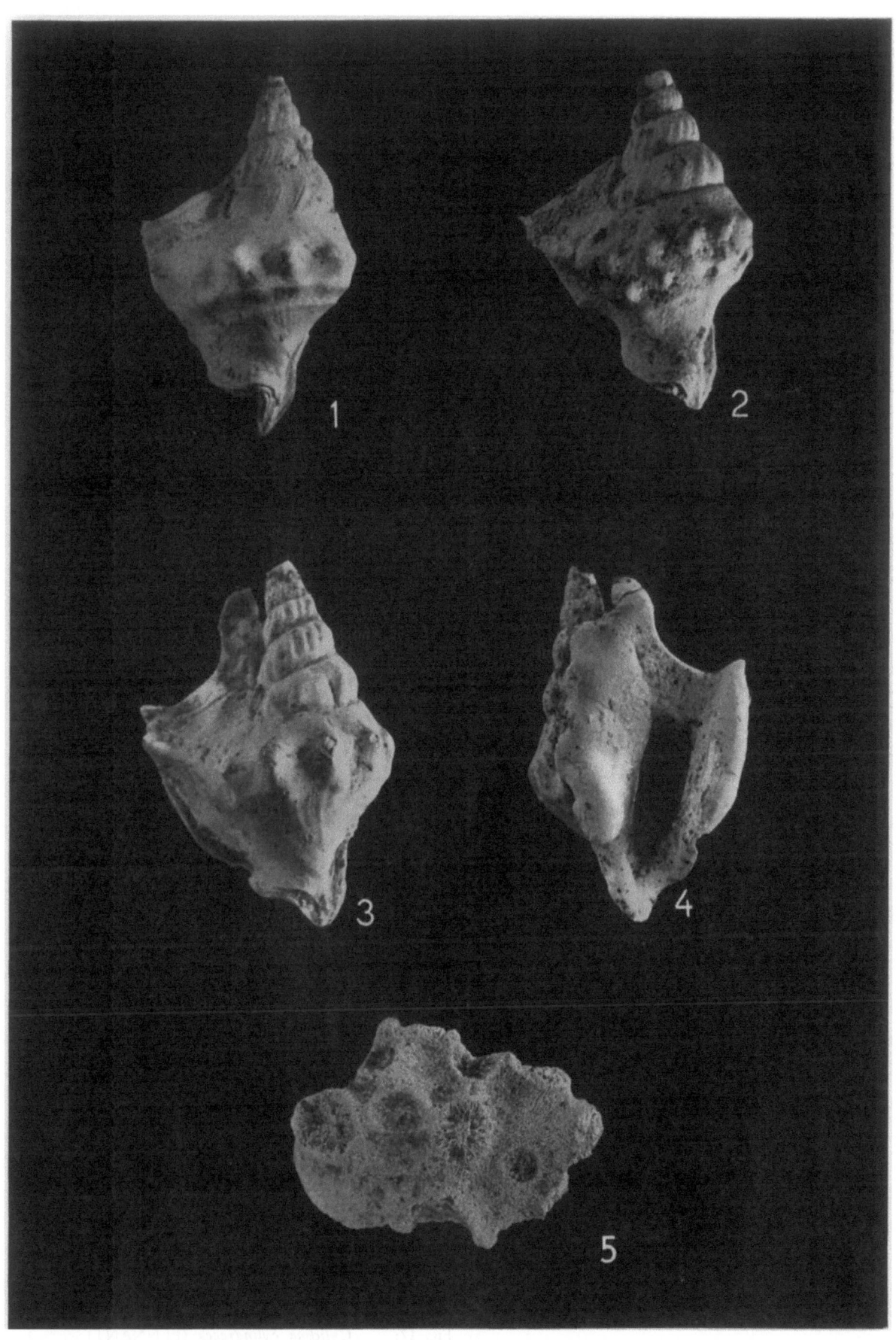

Tafel XII

Fig. 1 a, b: *Haliotis* sp.
Fig. 2: *Calliostoma laureatum* MAYER
Fig. 3 a, b: *Tornus trigonostoma* BASTEROT
Fig. 4: *Pyramidella plicosa* BRONN
Fig. 5 a, b: *Phasianella dollfusi* COSSM. & PEYR.
Fig. 6: *Eulimella hoernesi* KOENEN
Fig. 7: *Phasianella millepunctata* BENOIST
Fig. 8: *Turbonilla spiculoides* COSSM. & PEYR.
Fig. 9: *Turbonilla costellata* (GRATELOUP)
Fig. 10: *Sandbergeria perpusilla* (GRATELOUP)
Fig. 11: *Burtinella* cf. *subnummulus* SACCO
Fig. 12: *Erato cypraeola gallica* SCHILDER
Fig. 13 a, b: *Capulus merignacensis* COSSM. & PEYR.
Fig. 14: *Niso terebellum postburdigalensis* SACCO
Fig. 15: *Ringicula auriculata paulucciae* MORLET
Fig. 16: *Atys miliaris* (BROCCHI)
Fig. 17: *Cylichna cylindracea* (PENNANT)
Fig. 18: *Roxania elongata* GRATELOUP

Zu: Fritz Steininger, Die Molluskenfauna aus dem Burdigal (Unter-Miozän) usw.   TAFEL XII

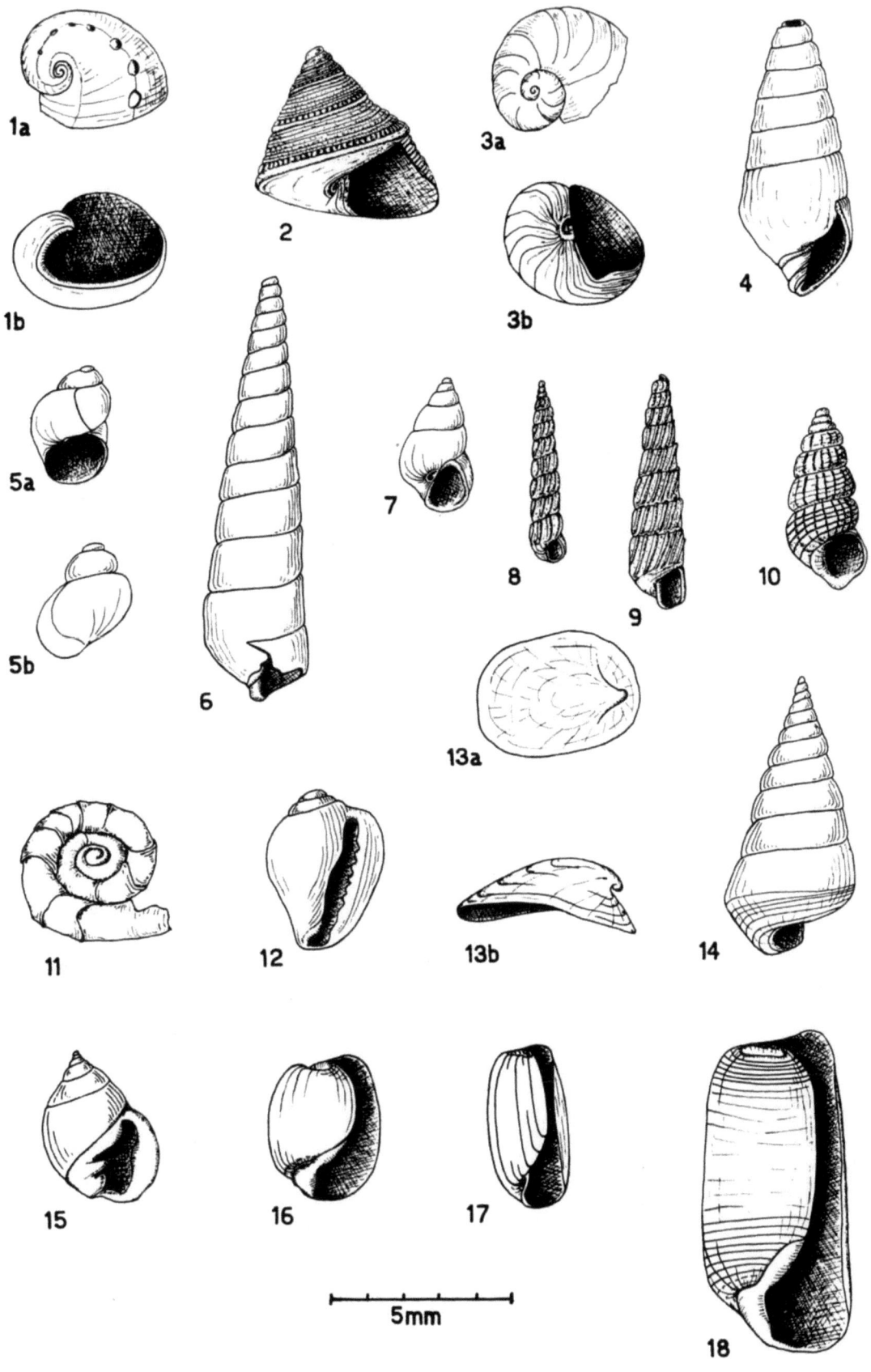

Tafel XIII

Fig. 1: *Alvania venus* (D'ORBIGNY)
Fig. 2: *Alvania montagui ampulla* (EICHWALD)
Fig. 3: *Bittium benoisti* COSSM. & PEYR.
Fig. 4: *Cerithiopsis bilineata* (HOERNES)
Fig. 5: *Triphora papaveracea inflexicostata* COSSM. & PEYR.
Fig. 6: *Triphora perversa* (L.)
Fig. 7: *Leda guembeli* HOELZL
Fig. 8: *Lima subauriculata inframiocaenica* COSSM. & PEYR.
Fig. 9: *Anisodonta biali* COSSM. & PEYR.
Fig. 10 a, b: *Astarte grateloupi* DESHAYES
Fig. 11 a, b: *Spisula subtruncata triangula* RENIER

Zu: Fritz Steininger, Die Molluskenfauna aus dem Burdigal (Unter-Miozän) usw. TAFEL XIII

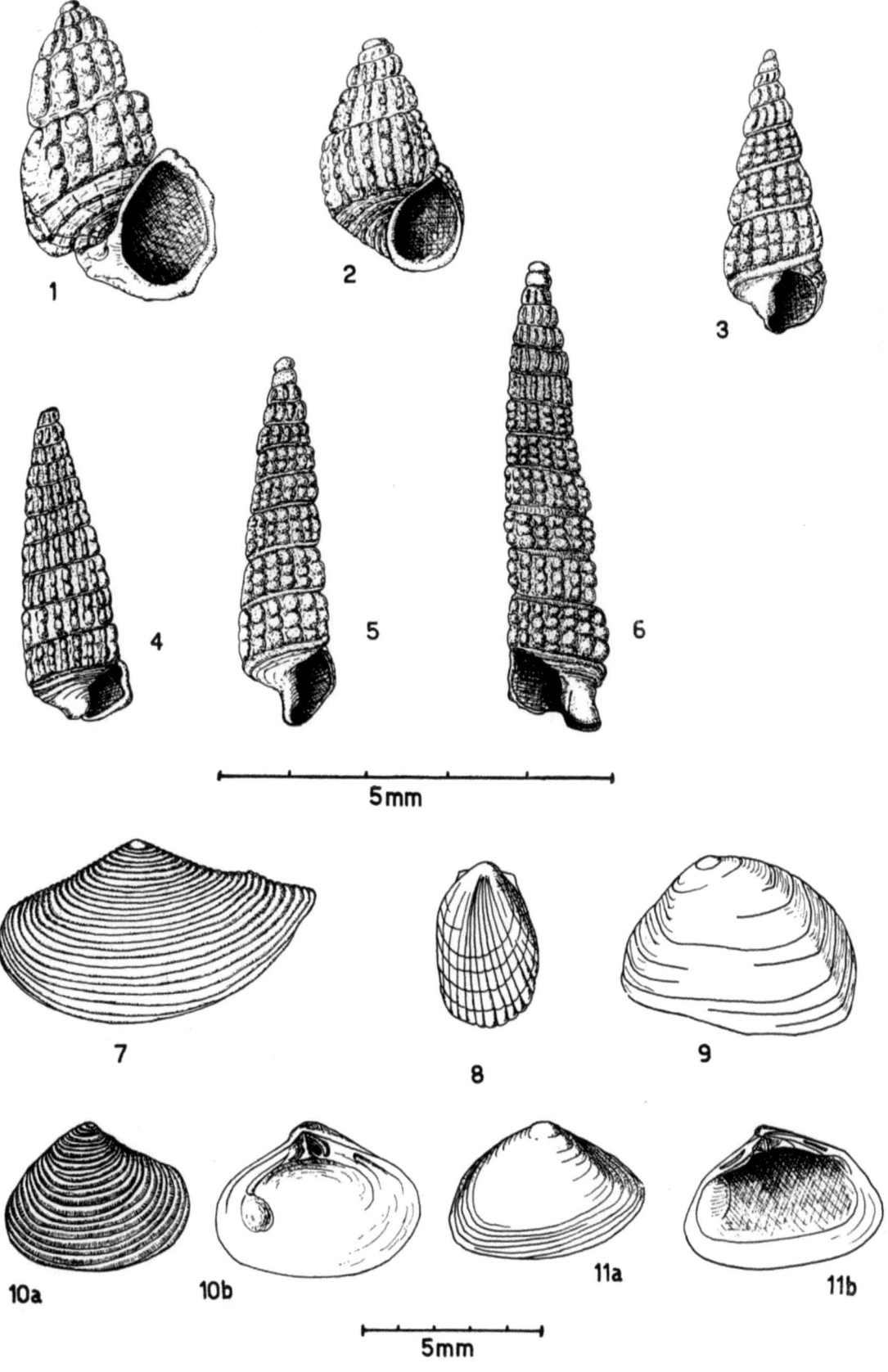

If you have any concerns about our products,
you can contact us on
ProductSafety@springernature.com

In case Publisher is established outside the EU,
the EU authorized representative is:
Springer Nature Customer Service Center GmbH
Europaplatz 3, 69115 Heidelberg, Germany

Printed by Libri Plureos GmbH
in Hamburg, Germany